1~3 단원

# 요점만화

KB088046

재크야~ 소젖 다 짰니?
네!

아니…… 우유는 어쩌고 빈 통이니?

우유 방울이 10개씩 묶음 6개이니까 모두 60방울 짰어요!
아니, 얘가 똑똑한 거야? 멍청한 거야?

안 되겠다! 소가 너무 늙어서 젖이 안 나오니 장에 내다 팔아야겠구나.

재크야! 젖소가 우리 마지막 재산이니 절대 싸게 팔면 안 된다~.
걱정 마세요! 제가 계산은 자신 있다고요~.
음메

룰룰~ 계산은 문제없어.
얘야~.

할머니, 저 부르셨어요?
오냐!

내가 다리가 아파서 못 걷겠구나……. 그 젖소 좀 빌려 주겠니?
안 돼요! 장에 내다 팔 소라고요~.

그럼 내가 갖고 있는 마법 콩과 바꾸지 않을래?
10개씩 세어 묶으면…… 어? 모두 69개네요. 좋아요!!

그래서 젖소 한 마리와 콩 69개를 바꿨단 말이니?!!
네! 그런데 제가 오다가 배고파서 몇 개 먹었더니 54개 남았어요. 헤헤~.

버려! 이깟 콩!
휙

흑흑…… 엄마가 버린 콩 52개는 주웠는데,

52 < 54
2<4
52는 54보다 작단 말이야. 나머지 콩은 어디 있을까?

헉!
이게 뭐니?
어제
못 찾은 마법 콩
2알이 밤새 이렇게
자랐나 봐요~.

한번
올라가 볼까?

휴~!
겨우 다
올라왔네.

저
모양의
물건은 뭐지?
바보!
창문이잖아.

저 모양의
물건은 뭐지?
멍청이!
삼각자잖아.

저 모양의
물건은 뭐지?
띨띨이!
거인이잖아.
어서 도망쳐~.

으악
사람 살려!

그런데 아까부터
나한테 바보, 멍청이,
띨띨이라고 하는
넌 누구야?
난 황금알을
낳는 거위라고나
할까~

엄마~ 이것 좀 보세요!
황금알 낳는 거위예요~.
이제 우린 부자라구요!
뭐?

거위야!
어서 황금알을
낳아봐~.
끙……
뿌직~

엄마!
황금똥
이에요~.
이 똥으로
뭐하지?
빤히 쳐다
보니 긴장해서
똥이 나오네…….

똥이 아직 말랑하니
이렇게 여러 가지 모양을
만들어 집을 예쁘게
꾸미면 어떨까요?
누추하던 집이
반짝거리고
예뻐지겠구나!

지붕과 벽에 전부
장식하려면 황금똥이 더
필요할 것 같은데……
거위야, 똥 더 안 마렵니?
뭘
먹어야 똥이
나오지!!

호호호. 오늘은 거위가 똥을 12덩어리 쌌구나~.

어제는 33덩어리 쌌으니까 이어서 세어 보면 모두 45덩어리가 되네요.
똑똑하구나. 우리 아들~.

바보! 똥을 하나씩 셀 거 없이 세로셈으로 계산하면 되잖아~. 낱개는 낱개끼리, 10개씩 묶음은 10개씩 묶음끼리 더해!

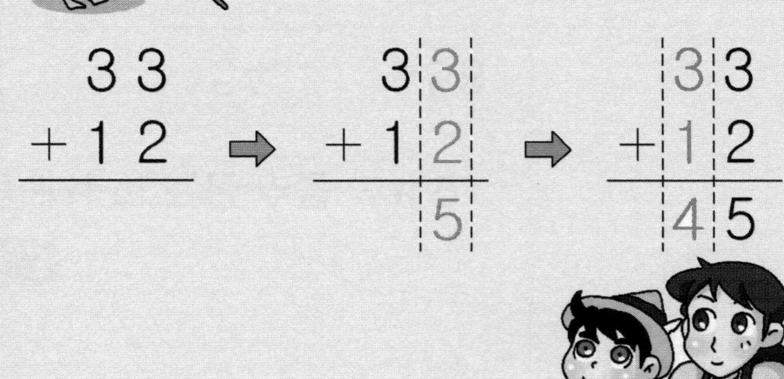
33
+12
33
+12
5
33
+12
45

아! 그런 방법도 있구나~.
어때? 내가 더 똑똑하지?

똑똑한 건 됐고! 똥 더 안 마렵니?
뭘 먹어야 똥이 나온다니깐!
그럼 내가 황금똥 11덩어리를 들고 시장에 가서 먹을 거로 바꿔올게!
45
−11
34
5−1=4
4−1=3
그럼 똥이 34덩어리가 남겠군.

시장
토마토 사세요!
오이 사세요!

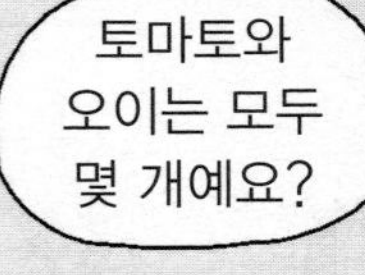
토마토와 오이는 모두 몇 개예요?

14+4=18 이니까 모두 18개지!
그럼 토마토는 오이보다 몇 개가 더 많아요?

14−4=10 이니까 10개지!
그럼 토마토를 3개 팔면 몇 개가 남아요?

14−3=11 이니까 11개지!
아~ 그렇군요.

뭐 살래? 토마토 살래?
오이 살래?
전 빵 사러 왔는데요.

그럼 왜 물어봤어!
죄송해요. 그냥 어떻게 계산하나 궁금해서…….

단원별 **핵심 요점정리**

수학경시대회 대표유형 문제

## 1. 100까지의 수

### 1 60, 70, 80, 90 알아보기

| | | | |
|---|---|---|---|
| 60 | ❶ | 80 | ❷ |
| 육십, 예순 | 칠십, 일흔 | 팔십, 여든 | 구십, 아흔 |

### 2 99까지의 수 알아보기

10개씩 묶음 6개와 낱개 3개를 63이라고 합니다.
63은 **육십삼** 또는 **예순셋**이라고 읽습니다.

### 3 수의 순서 알아보기

• 1만큼 더 큰 수와 1만큼 더 작은 수 알아보기

1만큼 더 작은 수 / 1만큼 더 큰 수

72 — 73 — 74

• 99까지의 수의 순서, 100 알아보기

| | | | | | | | | | |
|---|---|---|---|---|---|---|---|---|---|
| 51 | 52 | 53 | ❸ | 55 | 56 | 57 | 58 | 59 | 60 |
| 61 | 62 | 63 | 64 | 65 | 66 | 67 | 68 | 69 | 70 |
| 71 | 72 | 73 | 74 | 75 | 76 | 77 | 78 | 79 | 80 |
| 81 | 82 | 83 | 84 | 85 | 86 | 87 | 88 | 89 | 90 |
| 91 | 92 | 93 | 94 | ❹ | 96 | 97 | 98 | 99 | ? |

99보다 1만큼 더 큰 수를 100이라고 합니다.
100은 **백**이라고 읽습니다.

### 4 두 수의 크기 비교하기

10개씩 묶음의 수를 비교하고 10개씩 묶음의 수가 같으면 낱개의 수를 비교합니다.

78 < 80 (78은 80보다 작습니다. 7<8)

64 > 63 (64는 63보다 큽니다. 4>3)

### 5 짝수와 홀수 알아보기

• 2, 4, 6, 8, 10과 같이 둘씩 짝을 지을 수 있는 수를 **짝수**라고 합니다.

• 1, 3, 5, 7, 9와 같이 둘씩 짝을 지을 수 없는 수를 **홀수**라고 합니다.

정답 : ❶ 70 ❷ 90 ❸ 54 ❹ 95

▶정답은 1쪽

**대표유형 1**

**모형의 수를 세어 보세요.**

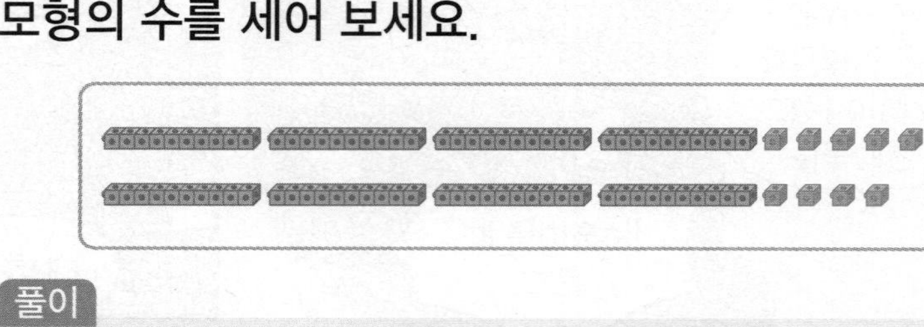

풀이

10개씩 묶음 ☐개와 낱개 ☐개이므로 ☐입니다.

답 ________

**대표유형 2**

**수의 순서에 맞게 ㉠에 알맞은 수를 구하세요.**

93 — ☐ — ㉠ — 96

풀이

93부터 96까지의 수를 순서대로 쓰면 93, ☐, ☐, 96이므로 ㉠에 알맞은 수는 ☐입니다.

답 ________

**대표유형 3**

**두 수 중에서 더 작은 수를 쓰세요.**

54 58

풀이

10개씩 묶음의 수는 ☐로 같고, 낱개의 수를 비교하면 4◯8이므로 더 작은 수는 ☐입니다.

답 ________

# 수학경시대회 기출문제



점수 | 확인 |

▶ 정답은 1쪽

**1** 모형을 보고 □ 안에 알맞은 수를 써넣으세요.

**2** 그림을 보고 □ 안에 알맞은 수를 써넣으세요.

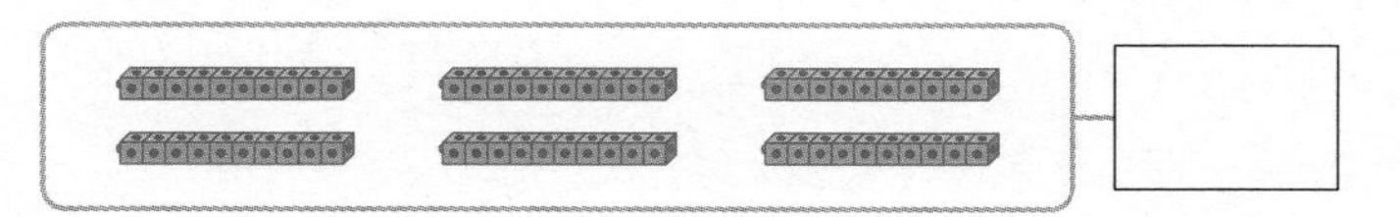

10개씩 묶음 7개와 낱개 □개는 □입니다.

**3** 밑줄 친 수를 바르게 읽은 것에 ○표 하세요.

63빌딩은 지상 63층, 지하 3층입니다.

( 예순삼 , 육십삼 , 육삼 )

**4** 수의 순서에 맞게 빈 곳에 알맞은 수를 써넣으세요.

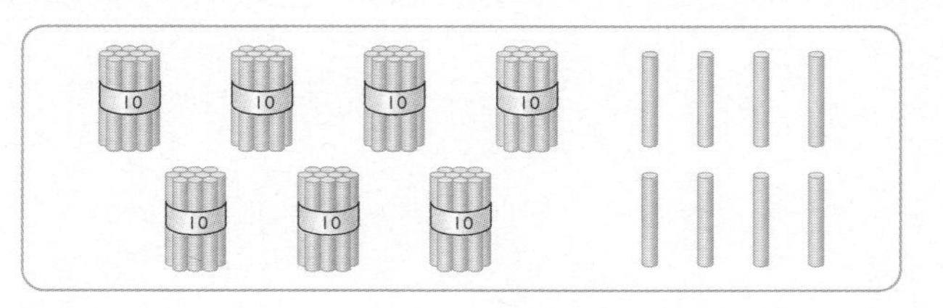


**5** 짝수를 찾아 ○표 하세요.

| 24 | 45 | 39 |
|---|---|---|

**6** 구슬의 수를 세어 빈 곳에 알맞은 수를 써넣고 읽어 보세요.

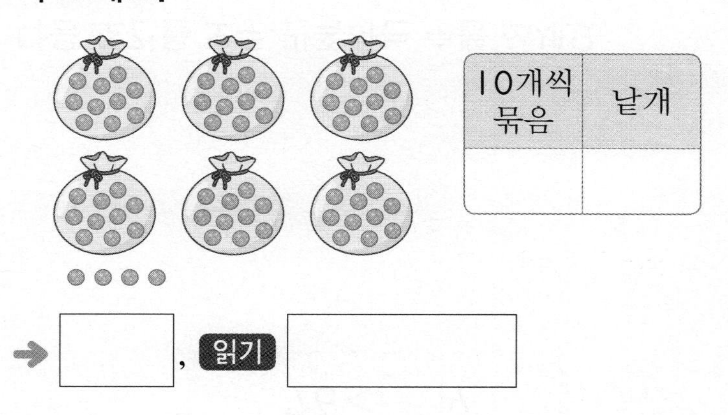

| 10개씩 묶음 | 낱개 |
|---|---|
| | |

➔ □, 읽기 □

**7** □ 안에 알맞은 수를 써넣으세요.

100은 99보다 □만큼 더 큰 수, 90보다 □만큼 더 큰 수입니다.

**8** 별 모양을 10개씩 묶어 보고 모두 몇 개인지 □ 안에 알맞은 수를 써넣으세요.

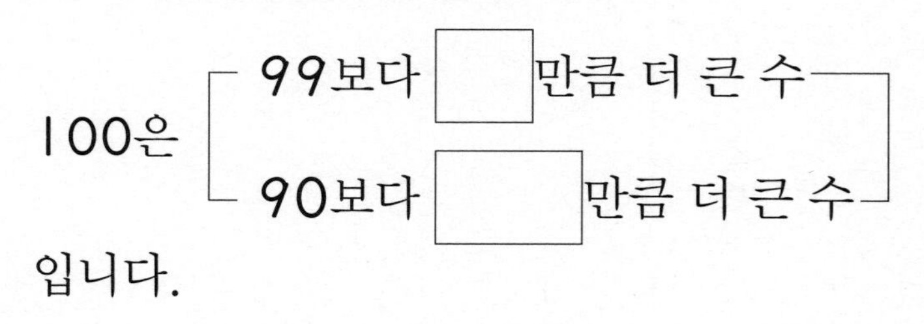

**9** 수로 바르게 쓴 것을 찾아 기호를 쓰세요.

㉠ 오십 ➔ 70　　㉡ 팔십 ➔ 80
㉢ 일흔 ➔ 90　　㉣ 아흔 ➔ 60

(　　　　　)

**10** 빈 곳에 알맞은 수를 써넣으세요.

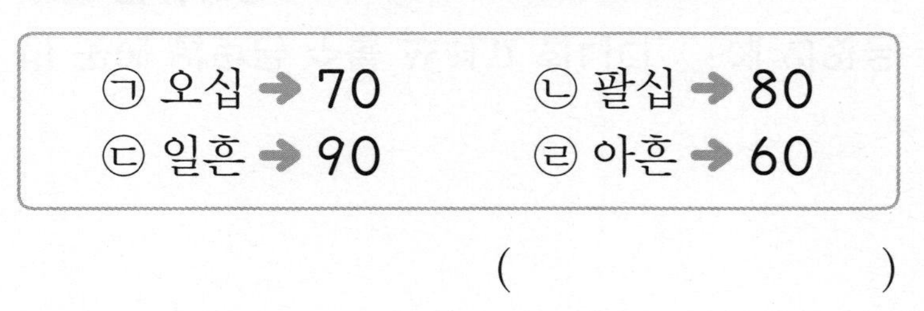

**11** ○ 안에 >, <를 알맞게 써넣으세요.

92 ○ 97

**12** 재하와 우주의 야구복 등번호입니다. 등번호의 수가 홀수인 어린이는 누구일까요?

재하 27　　12 우주

(　　　　　　)

용합형

**13** 엽전 9쾌는 몇 냥일까요?

예전에는 엽전 열 냥을 묶어 한 쾌라고 했대.

(　　　　　　)

**14** 바나나가 10개씩 묶음 8개와 낱개 6개 있습니다. 바나나는 모두 몇 개일까요?

(　　　　　　)

**15** 상자에 지우개가 83개, 자가 69개 들어 있습니다. 지우개와 자 중에서 상자에 더 많이 들어 있는 것은 무엇일까요?

(　　　　　　)

**16** 다음이 나타내는 수를 구하세요.

| 10개씩 묶음 | 낱개 |
|---|---|
| 5 | 22 |

(　　　　　　)

**17** 빈 곳에 알맞은 수를 쓰려고 합니다. ㉠에 알맞은 수를 구하세요.

| 91 |  | 89 | 88 |  |  | ㉠ |
|---|---|---|---|---|---|---|

(　　　　　　)

**18** 구슬을 민수는 한 상자에 10개씩 6상자, 해주는 68개, 정우는 예순다섯 개를 가지고 있습니다. 구슬을 가장 많이 가지고 있는 어린이는 누구일까요?

(　　　　　　)

**19** 1부터 9까지의 수 중에서 □ 안에 들어갈 수 있는 수를 모두 쓰세요.

76<□9

(　　　　　　)

문제 해결

**20** 다음 조건을 모두 만족하는 수를 쓰세요.

- 76보다 큰 수입니다.
- 10개씩 묶음이 7개입니다.
- 짝수입니다.

(　　　　　　)

단원별 **핵심 요점정리** 수학경시대회 대표유형 문제

## 2. 덧셈과 뺄셈 (1)

**1 (몇십몇)+(몇), (몇십)+(몇십), (몇십몇)+(몇십몇)**

- $42 + 6$ → $42 + 6 = 48$ (낱개는 낱개끼리 더합니다.)
- $30 + 40$ → $30 + 40 = $ ❶ (10개씩 묶음끼리 더합니다.)
- $25 + 32 = 57$

낱개는 낱개끼리, 10개씩 묶음은 10개씩 묶음끼리 더합니다.

**2 그림을 보고 덧셈하기**

- 달걀은 모두 몇 개인지 구하기

→ 22+14=❷ (또는 14+22=36)

**3 (몇십몇)−(몇), (몇십)−(몇십), (몇십몇)−(몇십몇)**

- $95 - 3$ → $95 - 3 = 92$ (낱개는 낱개끼리 뺍니다.)
- $30 - 10$ → $30 - 10 = $ ❸ (10개씩 묶음끼리 뺍니다.)
- $67 - 24 = 43$ (낱개는 낱개끼리, 10개씩 묶음은 10개씩 묶음끼리 뺍니다.)

**4 그림을 보고 뺄셈하기**

- 배가 사과보다 몇 개 더 많은지 구하기

→ 25−13=❹

정답 : ❶ 70 ❷ 36 ❸ 20 ❹ 12

▶ 정답은 2쪽

**대표유형 1**

계산 결과가 46인 것을 찾아 기호를 쓰세요.

㉠ 43+5 ㉡ 56−10

풀이

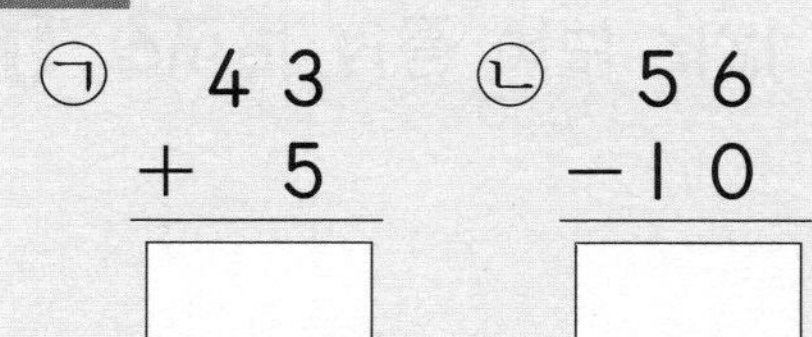

㉠ $43 + 5 = \square$, ㉡ $56 - 10 = \square$

따라서 계산 결과가 46인 것의 기호를 쓰면 □입니다.

답 ______

**대표유형 2**

노란색 책과 초록색 책은 모두 몇 권일까요?

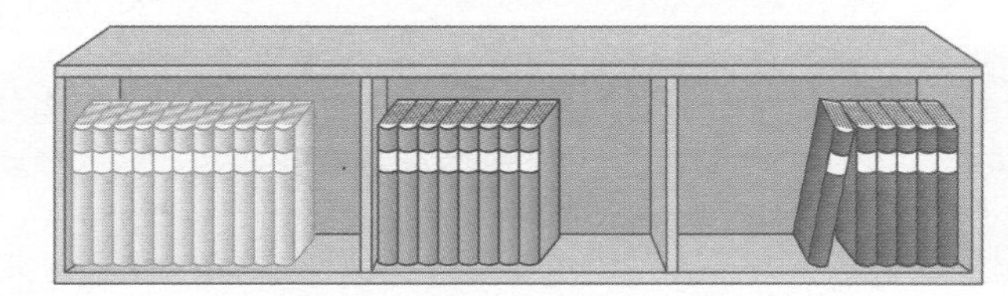

풀이

그림에서 노란색 책은 11권, 초록색 책은 8권이므로 노란색 책과 초록색 책은 모두 □+□=□(권)입니다.

답 ______

**대표유형 3**

꽃이 44송이 있었습니다. 13송이를 친구에게 주었다면 남은 꽃은 모두 몇 송이인지 뺄셈식으로 나타내세요.

풀이

처음에 있던 꽃의 수 □에서 친구에게 준 꽃의 수 □을 빼는 뺄셈식을 만듭니다.

식 ______

# 2회 수학경시대회 기출문제

2. 덧셈과 뺄셈 (1)

점수 | 확인 |

▶ 정답은 2쪽

**1** 그림을 보고 덧셈을 하세요.

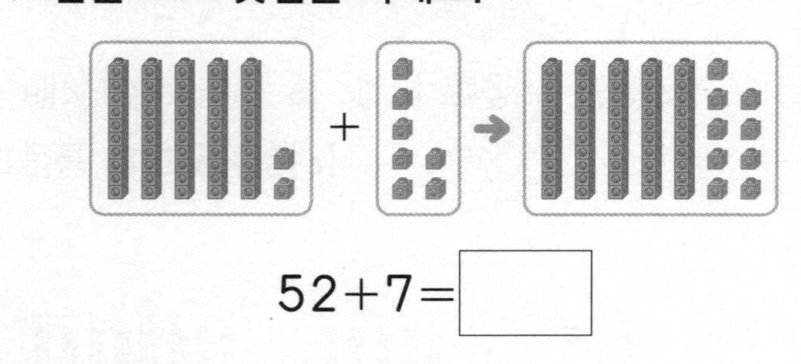

52+7=☐

**2** 그림을 보고 뺄셈을 하세요.

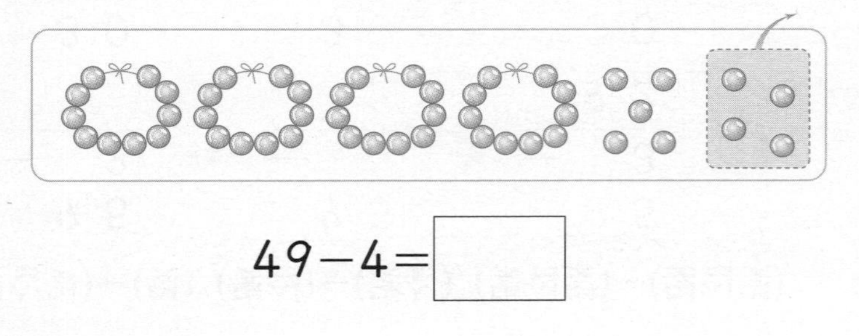

49−4=☐

**3** 계산을 하세요.

50+30

**4** 뺄셈을 해 보세요.

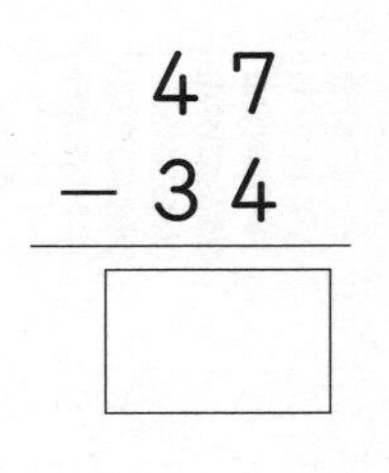


**5** 계산 결과를 찾아 선으로 이어 보세요.

| | |
|---|---|
| 89−25 · | · 54 |
| 97−12 · | · 85 |
| 75−21 · | · 64 |

**6** 빈칸에 알맞은 수를 써넣으세요.

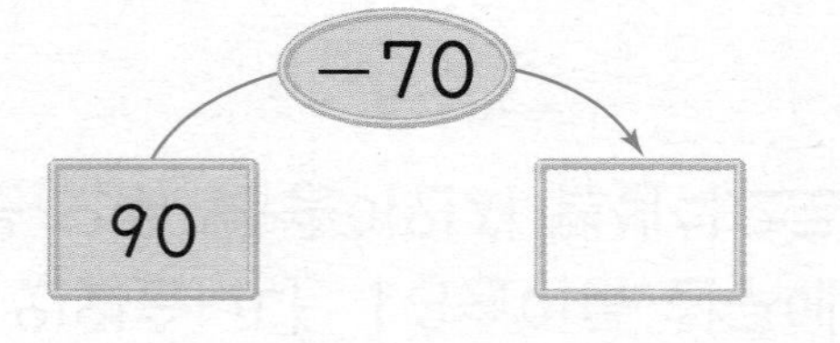


**7** ☐ 안에 알맞은 수를 써넣으세요.

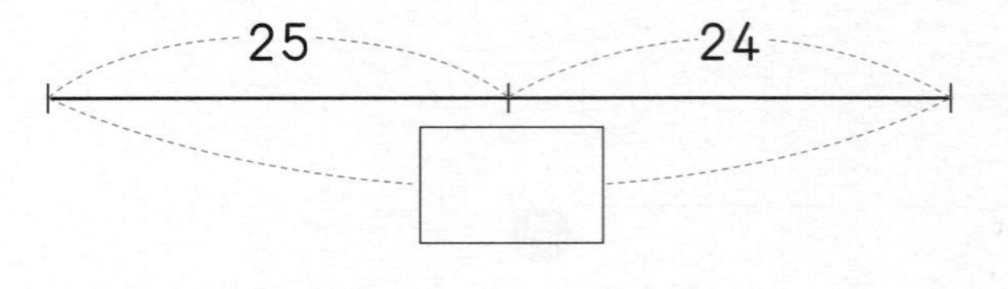


**8** 합이 같은 것끼리 이어 보세요.

18+31 · 45+24

33+36 · 26+32 · 25+24

[9~10] 과일 바구니에 복숭아가 16개, 자두가 22개 있습니다. 과일 바구니에 있는 과일은 모두 몇 개인지 물음에 답하세요.

**9** 과일은 모두 몇 개인지 구하는 덧셈식을 완성하세요.

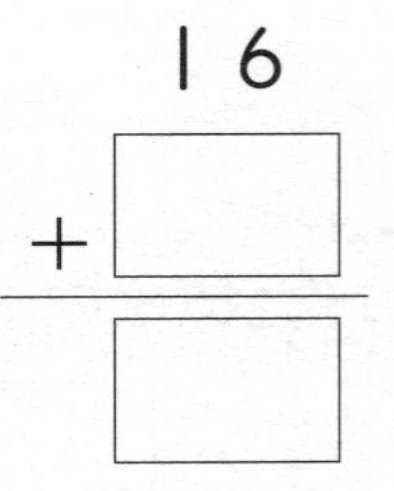


**10** 9번의 식을 여러 가지 방법으로 구한 것입니다. ☐ 안에 알맞은 수를 써넣어 대화를 완성하세요.

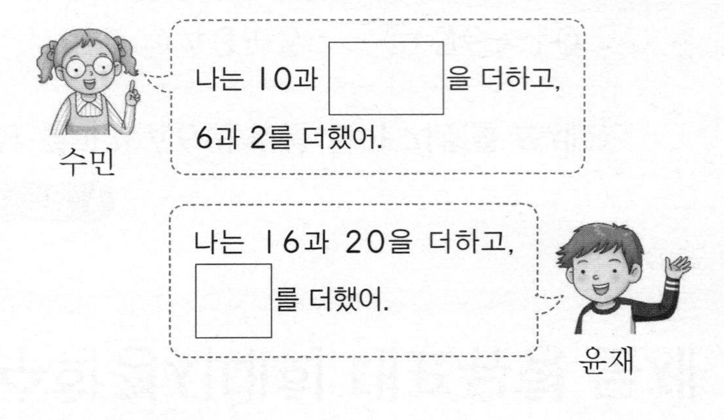

**11** 크기를 비교하여 ○ 안에 >, =, <를 알맞게 써넣으세요.

50+16 ○ 71

융합형

**12** 어느 두 도로의 최저 속도입니다. 두 수의 차를 구하세요.

( )

**13** 다음 수 카드 중에서 2장을 골라 합이 70이 되도록 덧셈식을 써 보세요.

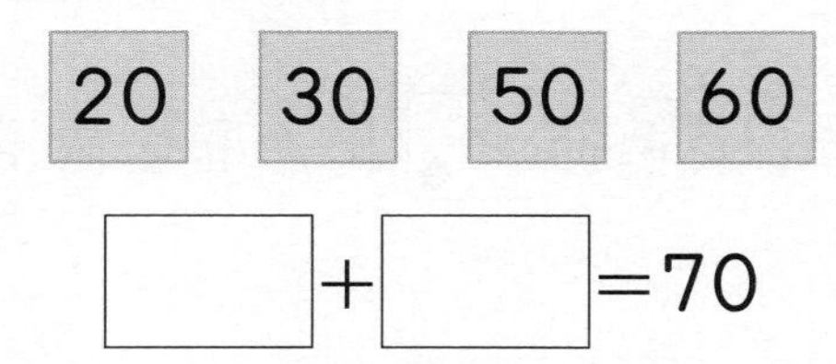


□+□=70

**14** 하영이는 색종이 47장 중에서 34장을 사용하였습니다. 하영이에게 남은 색종이는 몇 장일까요?

식 ____________________

답 ____________________

창의·융합

**15** 아영이는 알에서 개구리가 되기까지의 과정을 관찰하였습니다. 알에서 개구리가 되는 데 며칠이 걸렸을까요?

식 ____________________

답 ____________________

창의·융합

**16** 그림을 보고 여러 가지 뺄셈식을 써 보세요.

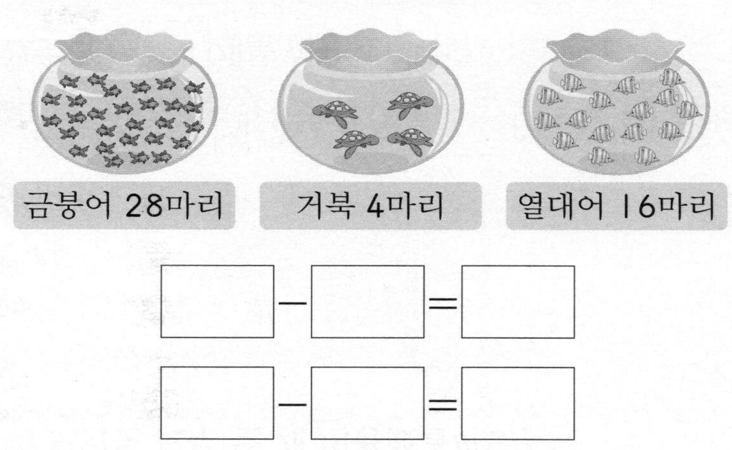


□-□=□

□-□=□

추론

**17** □ 안에 알맞은 숫자를 써넣으세요.

$$\begin{array}{r} \square\ 9 \\ -\ 5\ \square \\ \hline 3\ 2 \end{array}$$

**18** 1부터 9까지의 수 중에서 □ 안에 들어갈 수 있는 수는 모두 몇 개일까요?

□6+31<87

( )

**19** 서윤이네 반 여학생은 21명이고, 남학생은 여학생보다 3명 더 많습니다. 서윤이네 반 학생은 모두 몇 명일까요?

( )

문제 해결

**20** 3장의 수 카드 4, 5, 2 중에서 2장을 뽑아 몇십몇을 만들려고 합니다. 만들 수 있는 가장 큰 수와 10의 차를 구하세요.

( )

# 단원별 핵심 요점정리

## 수학경시대회 대표유형 문제

▶정답은 4쪽

## 3. 여러 가지 모양

### ❶ 여러 가지 모양 찾아보기

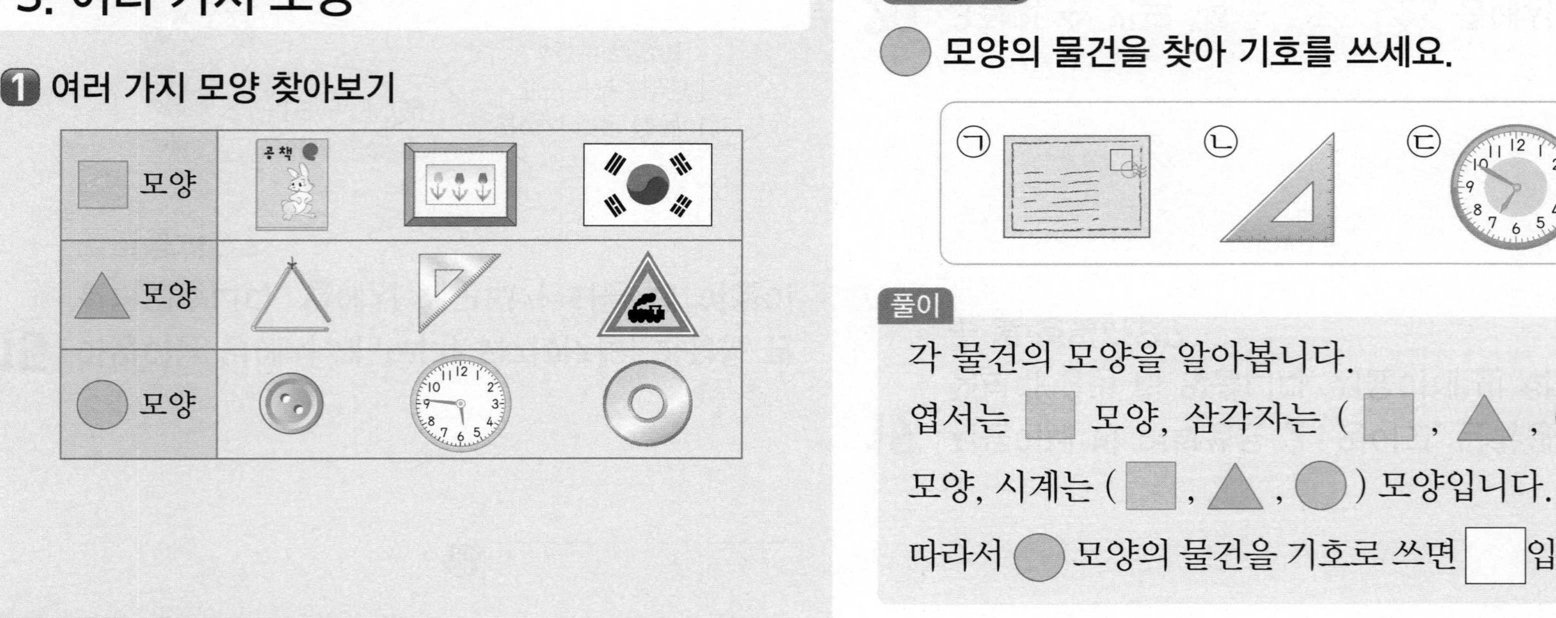

|  | | | |
|---|---|---|---|
| ■ 모양 | 공책 | 액자 | 태극기 |
| ▲ 모양 | 트라이앵글 | 삼각자 | 표지판 |
| ● 모양 | 단추 | 시계 | CD |

### ❷ 여러 가지 모양 알아보기

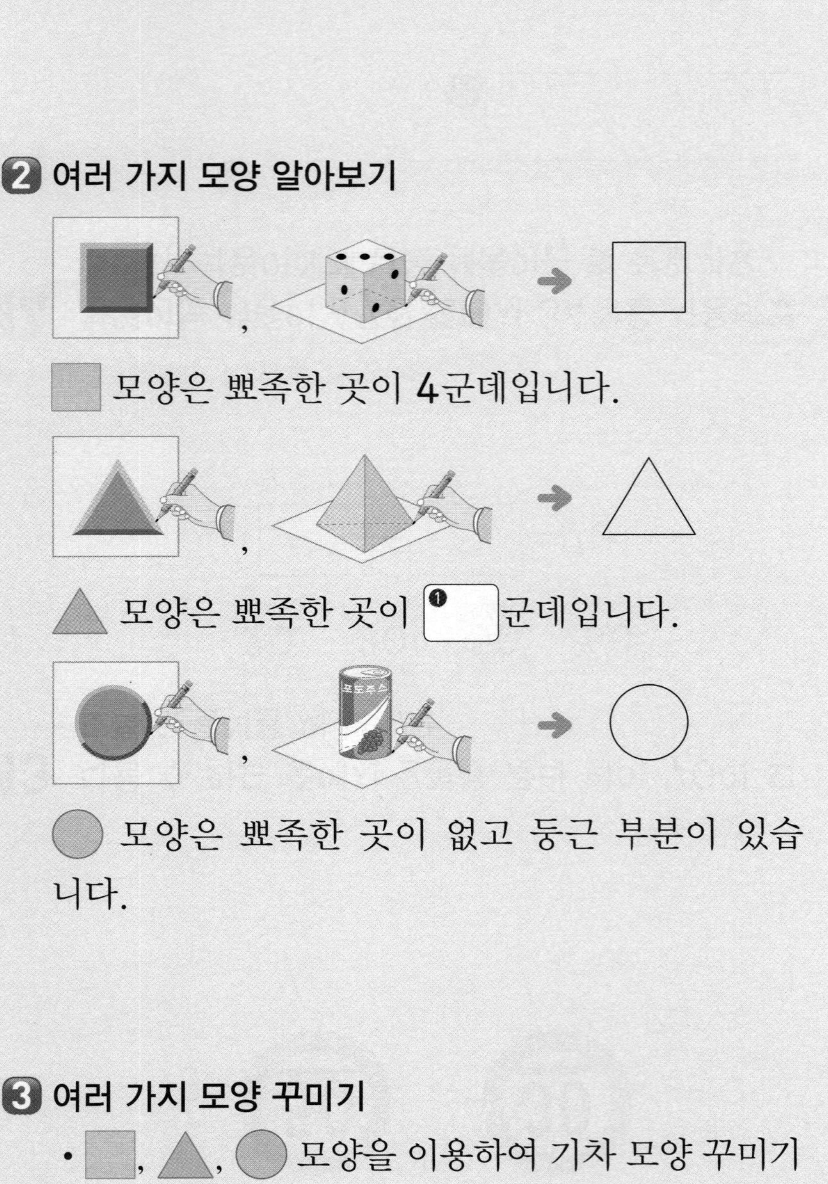

■ 모양은 뾰족한 곳이 4군데입니다.

▲ 모양은 뾰족한 곳이 ❶☐군데입니다.

● 모양은 뾰족한 곳이 없고 둥근 부분이 있습니다.

### ❸ 여러 가지 모양 꾸미기

• ■, ▲, ● 모양을 이용하여 기차 모양 꾸미기

➔ 창문은 ▲ 모양으로, 바퀴는 ● 모양으로 꾸몄습니다.

➔ ■ 모양은 5개, ▲ 모양은 ❷☐개, ● 모양은 ❸☐개 이용하였습니다.

정답 : ❶ 3 ❷ 4 ❸ 4

**대표유형 1**

**● 모양의 물건을 찾아 기호를 쓰세요.**

㉠ ㉡ ㉢

풀이

각 물건의 모양을 알아봅니다.

엽서는 ■ 모양, 삼각자는 ( ■ , ▲ , ● ) 모양, 시계는 ( ■ , ▲ , ● ) 모양입니다.

따라서 ● 모양의 물건을 기호로 쓰면 ☐입니다.

답 ____________

**대표유형 2**

**뾰족한 곳이 3군데인 모양에 ○표 하세요.**

■ ▲ ●

(   ) (   ) (   )

풀이

■ 모양은 뾰족한 곳이 ☐군데,

▲ 모양은 뾰족한 곳이 ☐군데,

● 모양은 뾰족한 곳이 없고 둥근 부분이 있습니다.

**대표유형 3**

**■, ▲, ● 모양으로 배를 만들었습니다. ▲ 모양과 ● 모양은 모두 몇 개 이용했을까요?**

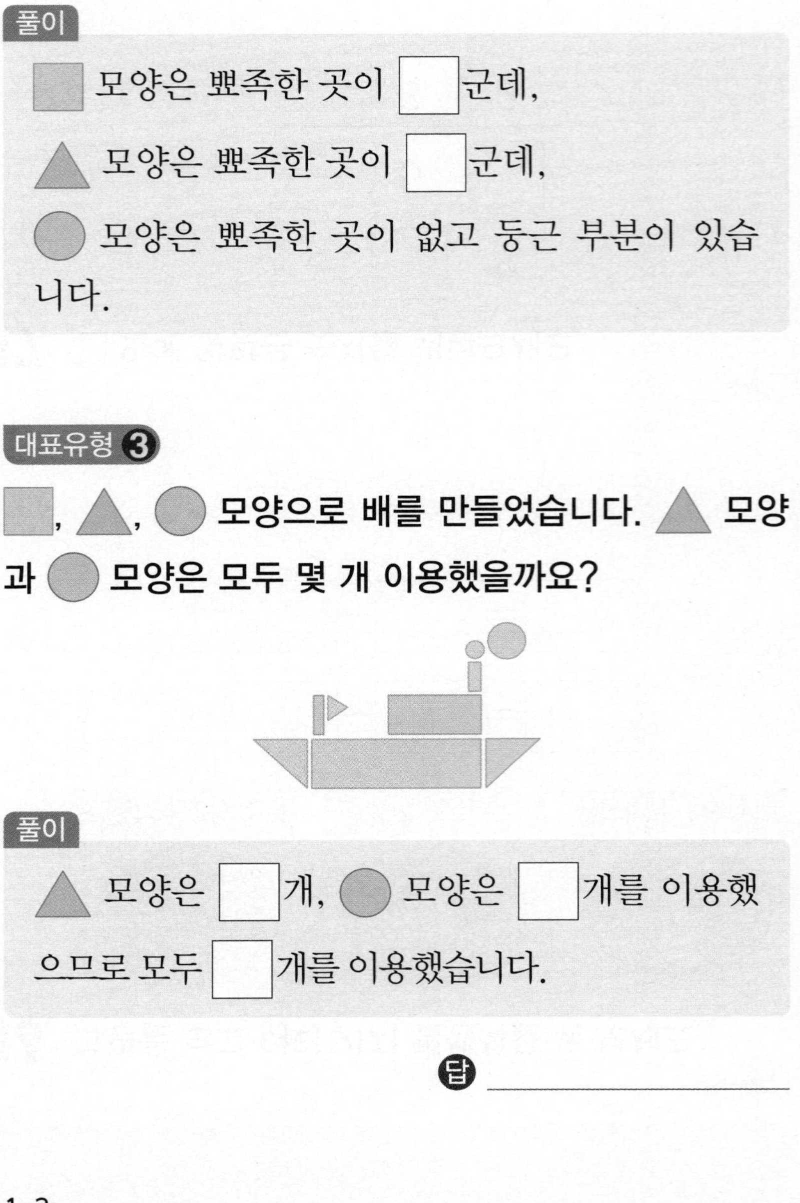

풀이

▲ 모양은 ☐개, ● 모양은 ☐개를 이용했으므로 모두 ☐개를 이용했습니다.

답 ____________

▶ 정답은 4쪽

**1** 왼쪽과 같은 모양을 찾아 색칠하세요.

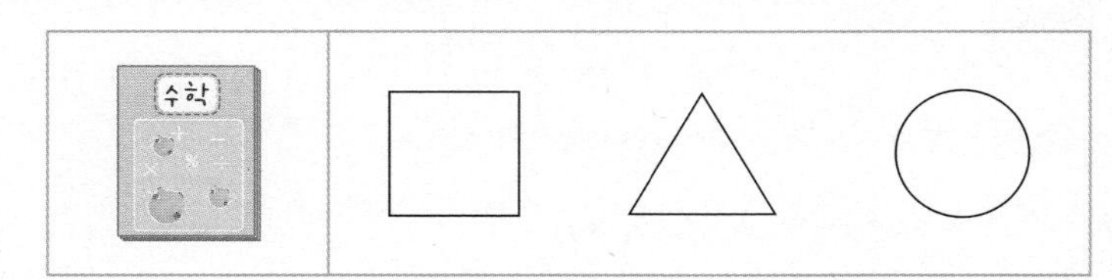


**2** 번호 순서대로 점을 반듯한 선으로 이어 △ 모양을 완성하세요.

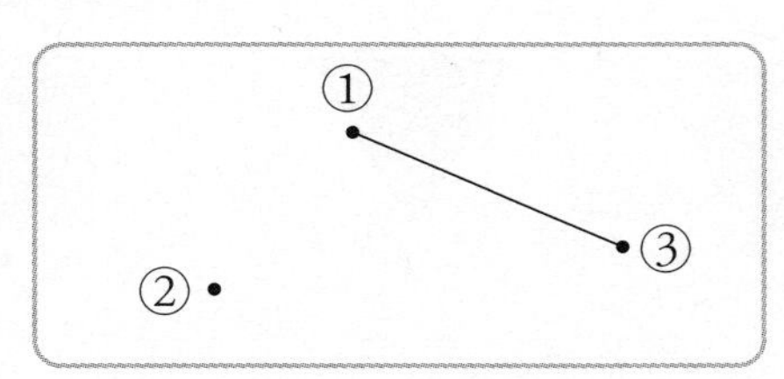


**3** ● 모양의 물건에 ○표 하세요.

( ) ( ) ( )

**4** 다음 모양 중에서 뾰족한 곳이 없는 모양에 ○표 하세요.

( ■ , ▲ , ● )

**5** 오른쪽 상자의 윗부분에 물감을 묻혀 찍기를 할 때 나오는 모양은 ■, ▲, ● 모양 중에서 어떤 모양일까요?

( )

[6~7] 물건을 보고 물음에 답하세요.

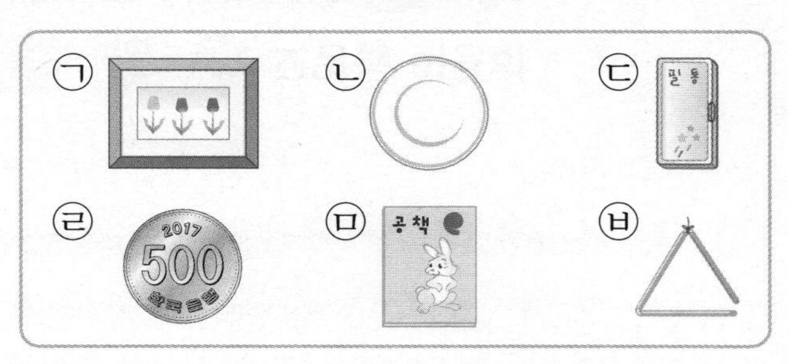


**6** ● 모양의 물건은 모두 몇 개일까요?

( )

**7** 오른쪽 물건과 모양이 같은 것을 모두 찾아 기호를 쓰세요. 융합형

( )

**8** 오른쪽 점판 위에 ■ 모양을 1개 그려 보세요.

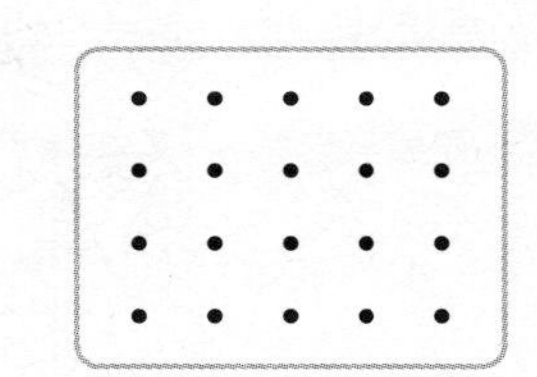

**9** 오른쪽은 궁중음악에 쓰이는 북입니다. 북을 본뜬 모양을 찾아 기호를 쓰세요. 창의·융합

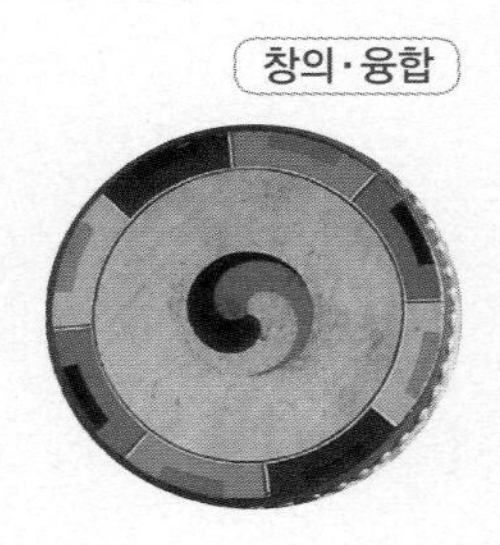

㉠ ■ ㉡ ▲ ㉢ ●

( )

**10** ▲ 모양을 모두 찾아 색칠하세요.

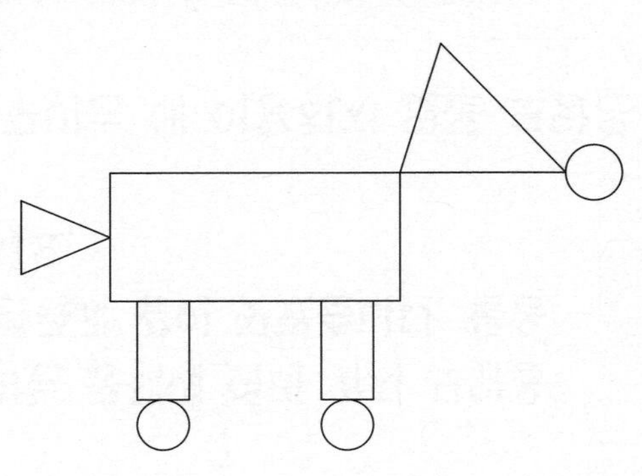

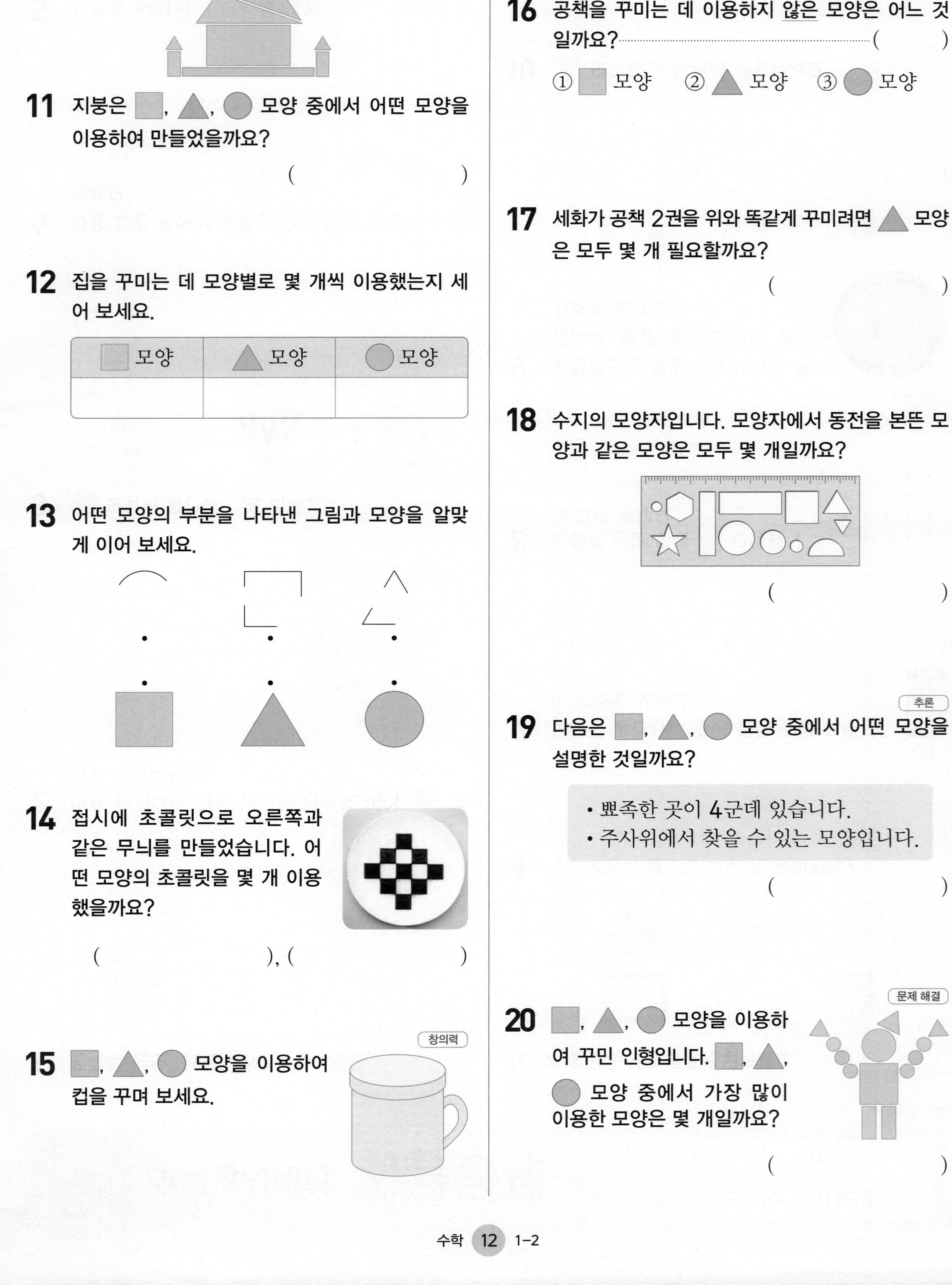

[11~12] ■, ▲, ● 모양을 이용하여 꾸민 집입니다. 물음에 답하세요.

**11** 지붕은 ■, ▲, ● 모양 중에서 어떤 모양을 이용하여 만들었을까요?

(　　　　　　)

**12** 집을 꾸미는 데 모양별로 몇 개씩 이용했는지 세어 보세요.

| ■ 모양 | ▲ 모양 | ● 모양 |
|---|---|---|
| | | |

**13** 어떤 모양의 부분을 나타낸 그림과 모양을 알맞게 이어 보세요.

**14** 접시에 초콜릿으로 오른쪽과 같은 무늬를 만들었습니다. 어떤 모양의 초콜릿을 몇 개 이용했을까요?

(　　　　　　), (　　　　　　)

창의력

**15** ■, ▲, ● 모양을 이용하여 컵을 꾸며 보세요.

[16~17] 세화는 공책에 여러 가지 모양을 붙여 오른쪽과 같이 꾸몄습니다. 물음에 답하세요.



**16** 공책을 꾸미는 데 이용하지 <u>않은</u> 모양은 어느 것일까요? ············ (　　　)

① ■ 모양　② ▲ 모양　③ ● 모양

**17** 세화가 공책 2권을 위와 똑같게 꾸미려면 ▲ 모양은 모두 몇 개 필요할까요?

(　　　　　　)

**18** 수지의 모양자입니다. 모양자에서 동전을 본뜬 모양과 같은 모양은 모두 몇 개일까요?

(　　　　　　)

추론

**19** 다음은 ■, ▲, ● 모양 중에서 어떤 모양을 설명한 것일까요?

- 뾰족한 곳이 4군데 있습니다.
- 주사위에서 찾을 수 있는 모양입니다.

(　　　　　　)

문제 해결

**20** ■, ▲, ● 모양을 이용하여 꾸민 인형입니다. ■, ▲, ● 모양 중에서 가장 많이 이용한 모양은 몇 개일까요?

(　　　　　　)

1회 수학경시대회

# 단원 모의고사

1. 100까지의 수 ~ 3. 여러 가지 모양

점수 |

▶ 정답은 5쪽

[1단원]

**1** □ 안에 알맞은 수나 말을 써넣으세요. 2점

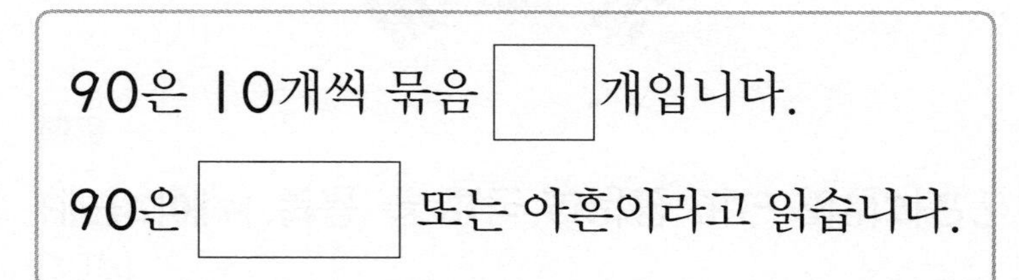

90은 10개씩 묶음 □개입니다.

90은 □ 또는 아흔이라고 읽습니다.

[3단원]

**2** 과자를 같은 모양끼리 모아 놓은 것에 ○표 하세요. 2점

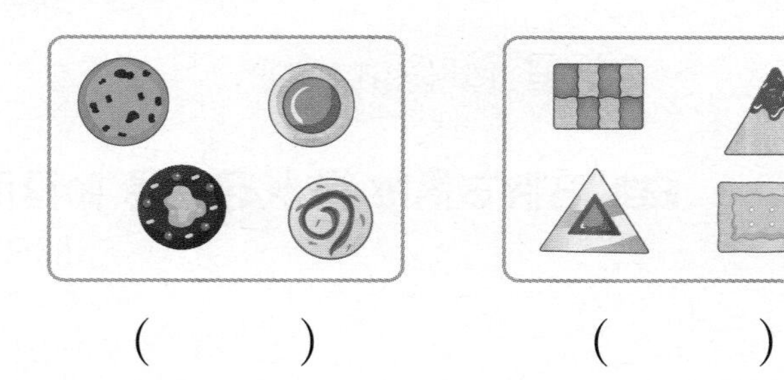

(　　) (　　)

[2단원]

**3** 계산을 하세요. 2점

(1) $\begin{array}{r} 84 \\ +\ \ 5 \\ \hline \square \end{array}$

(2) $\begin{array}{r} 76 \\ -32 \\ \hline \square \end{array}$

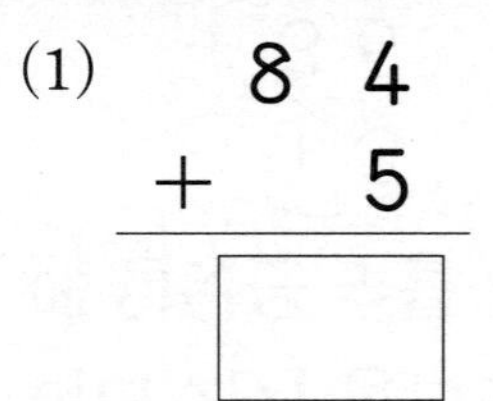

[3단원]

**4** 오른쪽 그림과 같이 컵을 종이 위에 대고 본떴을 때 나오는 모양을 찾아 색칠해 보세요. 2점

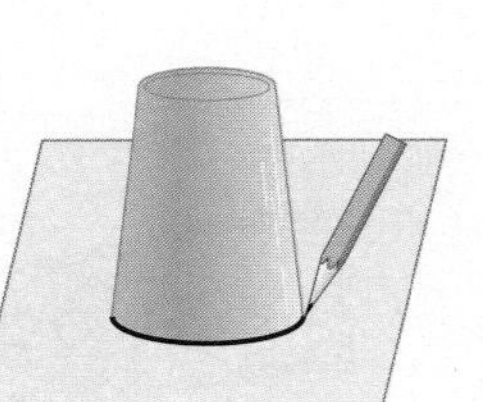

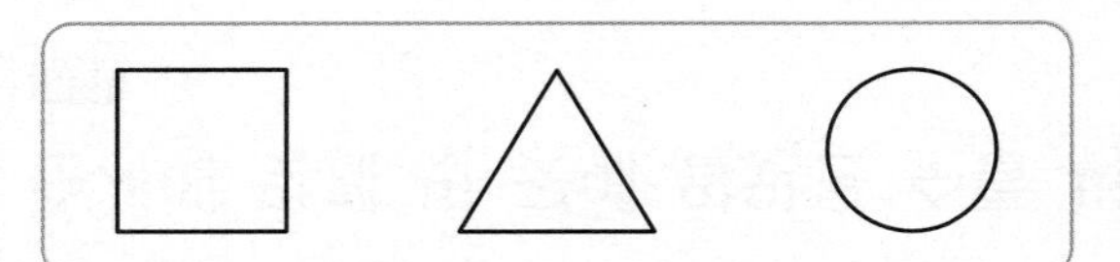

[1단원]

**5** 수를 쓰고 짝수인지 홀수인지 ○표 하세요. 3점

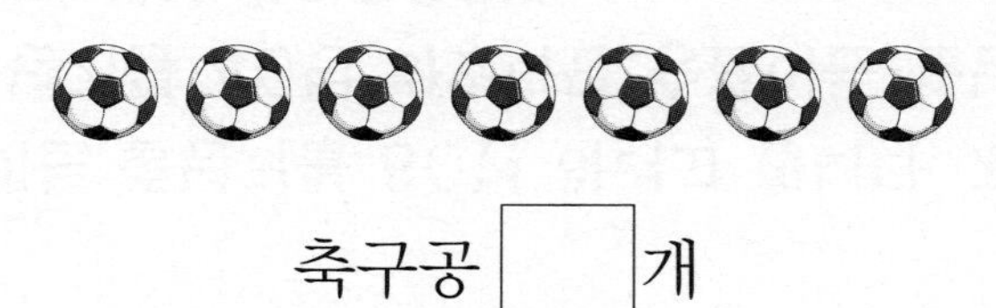

축구공 □개

( 짝수 , 홀수 )

[2단원]

**6** □ 안에 알맞은 수를 써넣으세요. 3점

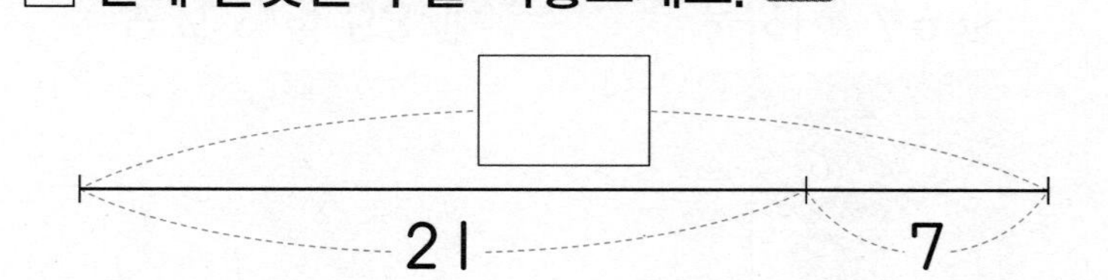


[1단원]

**7** 그림을 보고 빈칸에 알맞은 수를 써넣으세요. 3점

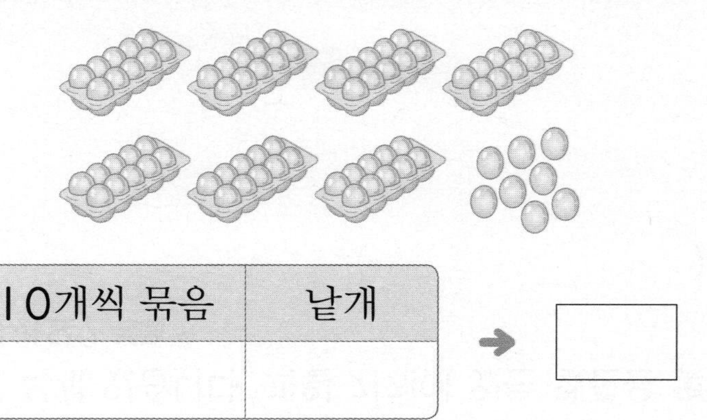

| 10개씩 묶음 | 낱개 |
| --- | --- |
| | |

➜ □

[2단원] 추론

**8** 뺄셈을 하고, □ 안에 알맞은 수를 쓰세요. 3점

$58-4=54$

$57-4=53$

$56-4=\square$

$55-4=\square$

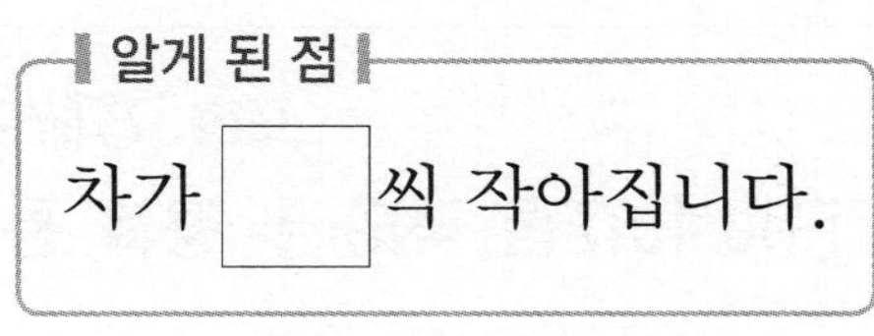

알게 된 점

차가 □씩 작아집니다.

[1단원]

**9** 수의 순서에 맞게 빈 곳에 알맞은 수를 써넣으세요. 3점

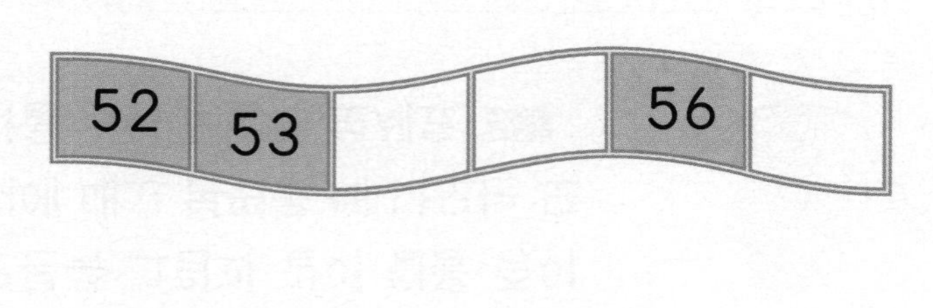


[2단원] 창의·융합

**10** 여러 가지 방법으로 덧셈을 하려고 합니다. □ 안에 알맞은 수를 써넣으세요. 3점

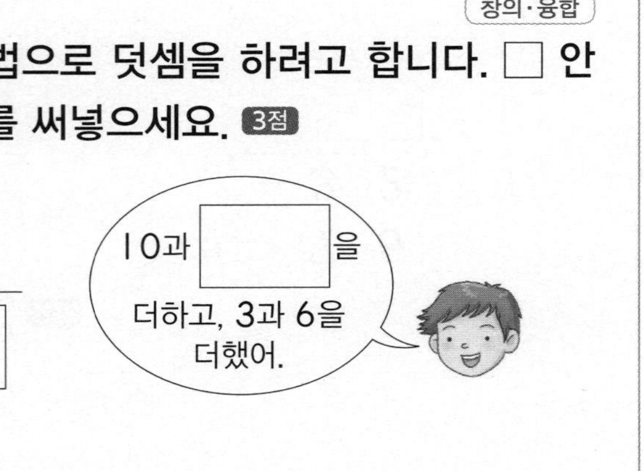


[2단원]

**11** 빈칸에 알맞은 수를 써넣으세요. 3점

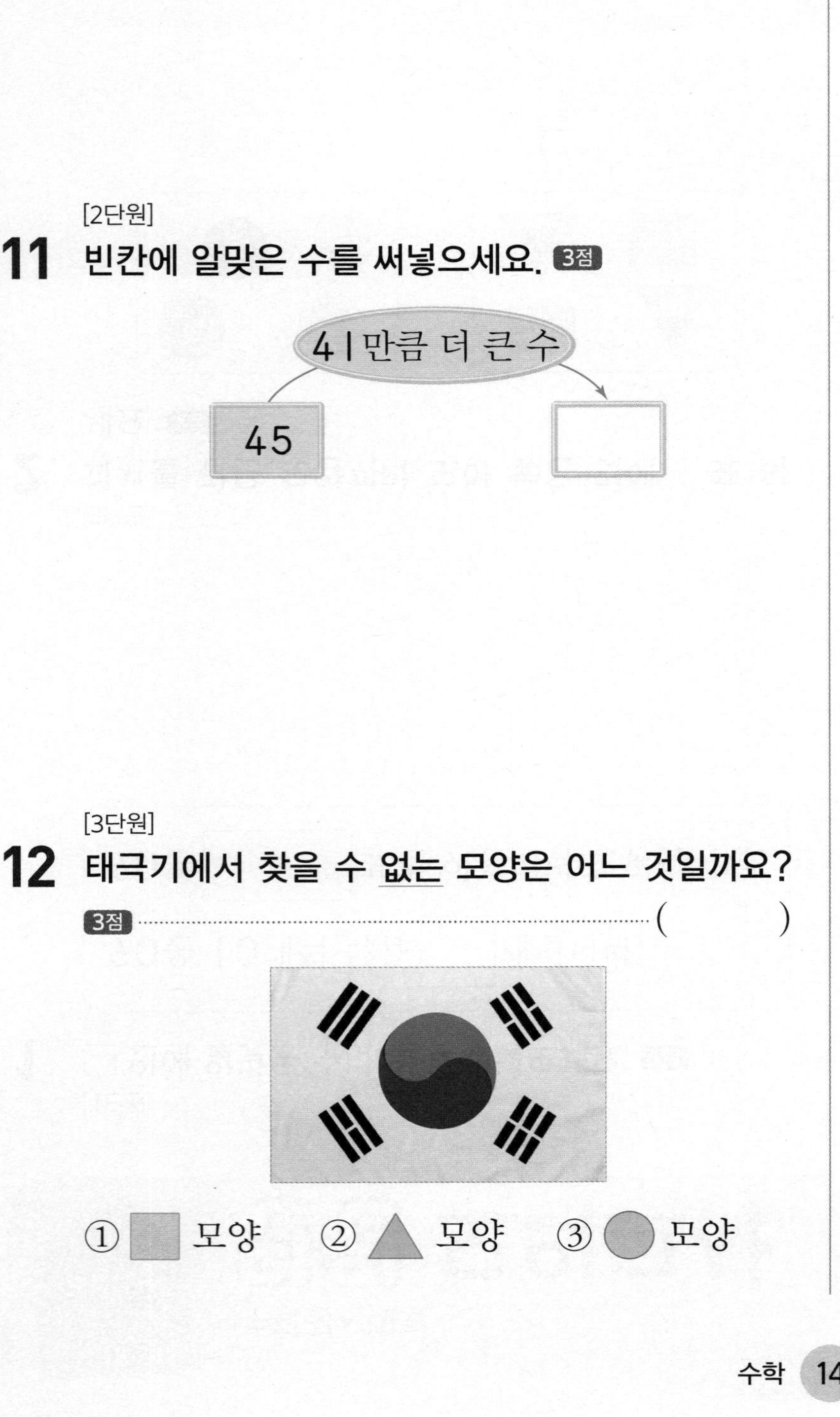


[3단원]

**12** 태극기에서 찾을 수 없는 모양은 어느 것일까요? 3점 ( )

① ■ 모양 ② ▲ 모양 ③ ● 모양

[3단원]

**13** ■ 모양을 찾을 수 있는 물건이 아닌 것을 찾아 기호를 쓰세요. 3점

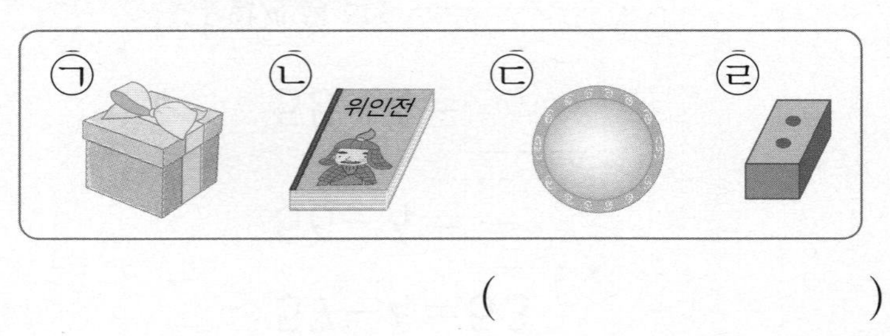


( )

[1단원] 문제 해결

**14** 과일 가게에 수박이 64개 있고, 멜론은 수박보다 1개 적게 있습니다. 과일 가게에 있는 멜론은 몇 개일까요? 3점

( )

[1단원]

**15** 장난감 공장에서 만든 토끼 인형과 곰 인형의 수입니다. 더 많이 만든 인형은 무엇일까요? 3점

토끼 인형 53개 곰 인형 49개

( )

[2단원]

**16** 승훈이는 줄넘기를 80번 하려고 합니다. 지금까지 줄넘기를 40번 하였다면 승훈이는 줄넘기를 몇 번 더 해야 할까요? 3점

식 ______________________

답 ______________

[3단원]

**17** 그림에 맞게 이야기한 친구의 이름을 쓰세요. 4점

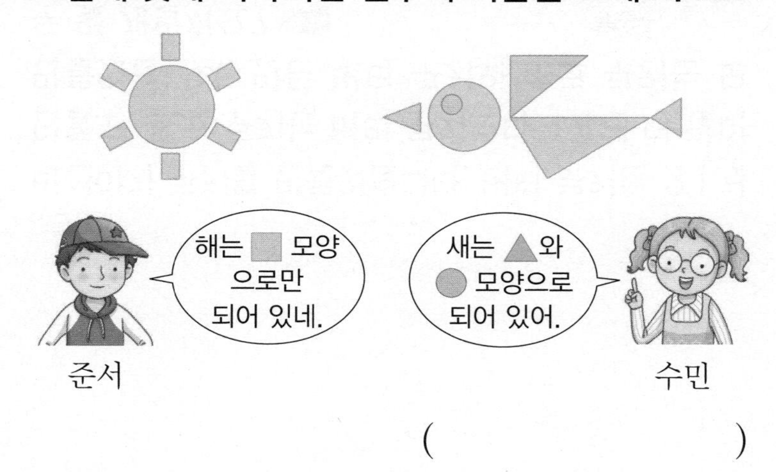


(　　　　　　　　)

[1단원]

**18** 과수원에 사과나무가 여든다섯 그루 있습니다. 과수원에 있는 사과나무의 수는 짝수인지 홀수인지 쓰세요. 4점

(　　　　　　　　)

[3단원] 창의력

**19** ■, ▲ 모양을 이용하여 가방을 꾸며 보세요. 4점

[3단원]

**20** ■, ▲, ● 모양 중에서 다음이 설명하는 모양의 물건을 주변에서 1개만 찾아 쓰세요. 4점

뾰족한 곳이 4군데 있습니다.

(　　　　　　　　)

[3단원]

**21** 물건을 본뜬 모양의 부분을 나타낸 그림입니다. 물건과 그림을 알맞게 이어 보세요. 4점

[3단원] 추론

**22** 오른쪽 색종이를 점선을 따라 모두 잘랐을 때 나오는 모양은 각각 몇 개인지 쓰세요. 4점

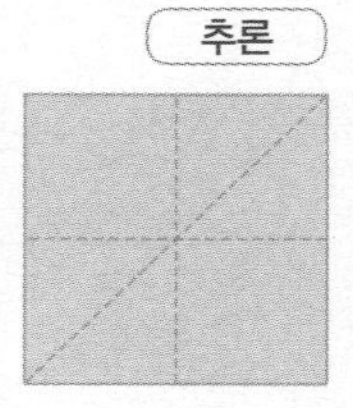

| ■ 모양 | ▲ 모양 |
| --- | --- |
| | |

[2단원] 창의·융합

**23** 그림을 보고 여러 가지 뺄셈식을 써 보세요. 4점

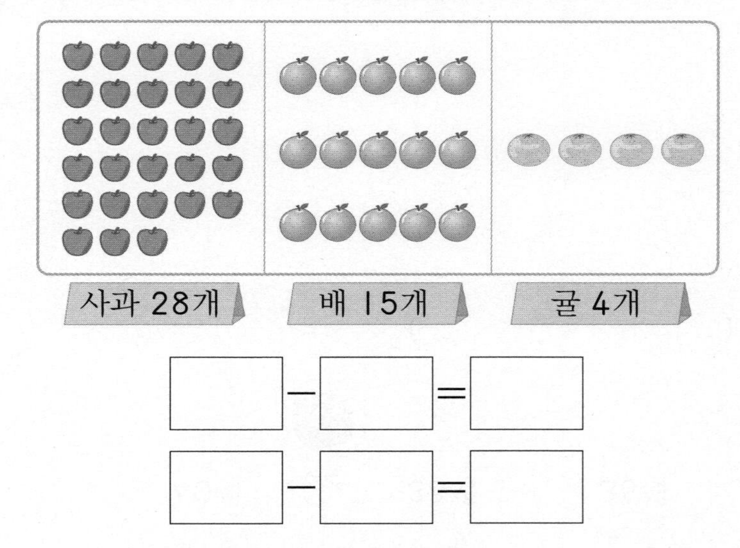


□ − □ = □

□ − □ = □

[2단원]

**24** □ 안에 알맞은 수를 써넣으세요. 4점

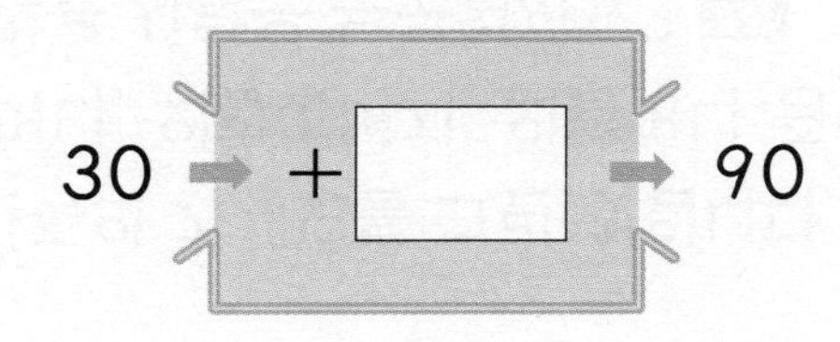

[1단원] 서술형

**25** 사탕이 10개씩 묶음 3개, 낱개 36개가 있습니다. 사탕은 모두 몇 개인지 풀이 과정을 쓰고 답을 구하세요. 4점

풀이

답

[3단원] 서술형

**26** ■, ▲, ● 모양을 이용하여 만든 기차입니다. 가장 많이 이용한 모양은 어떤 모양인지 풀이 과정을 쓰고 답을 구하세요. 4점

풀이

답

[2단원]

**27** 미선이가 쿠키를 만들었습니다. 버터 쿠키는 21개 만들고, 초코 쿠키는 버터 쿠키보다 14개 더 많이 만들었습니다. 만든 버터 쿠키와 초코 쿠키는 모두 몇 개일까요? 4점

(　　　　　)

[1단원] 융합형

**28** 현수네 가족의 가계도를 그린 것입니다. 친할아버지, 친할머니, 외할아버지, 외할머니 중에서 연세가 가장 많은 사람은 누구일까요? 4점

친할아버지 76세, 친할머니 74세, 외할아버지 65세, 외할머니 67세
아버지 40세, 어머니 38세, 삼촌 36세
현수

(　　　　　)

[2단원]

**29** ㉠과 ㉡에 알맞은 숫자를 각각 구하세요. 4점

$$\begin{array}{r} 7\ \boxed{㉠} \\ -\ \boxed{㉡}\ 3 \\ \hline 4\ 3 \end{array}$$

㉠ (　　　　　), ㉡ (　　　　　)

[1단원] 추론

**30** 다음 조건을 모두 만족하는 수를 쓰세요. 4점

- 60보다 크고 70보다 작은 수입니다.
- 낱개의 수는 10개씩 묶음의 수보다 2 큽니다.

(　　　　　)

# 단원 모의고사

1. 100까지의 수 ~ 3. 여러 가지 모양

점수 |

▶ 정답은 7쪽

[2단원]

**1** □ 안에 알맞은 수를 써넣으세요. 2점

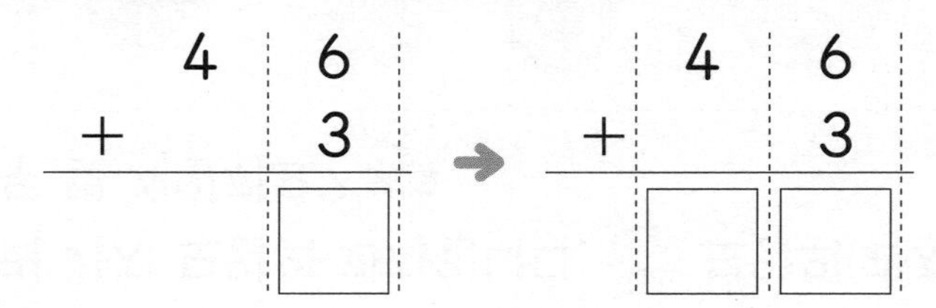

[1단원]

**2** 그림을 보고 □ 안에 알맞은 수를 써넣으세요. 2점

10개씩 묶음 7개와 낱개 □개는 □입니다.

[3단원]

**3** ▲ 모양의 물건에 ○표 하세요. 2점

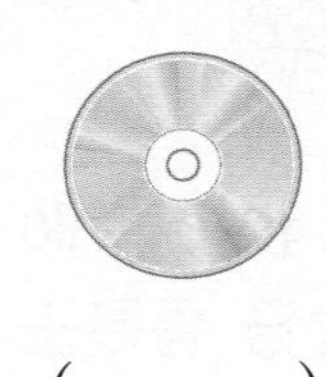
( )

( )

( )

[2단원]

**4** 모형을 보고 □ 안에 알맞은 수를 써넣으세요. 2점

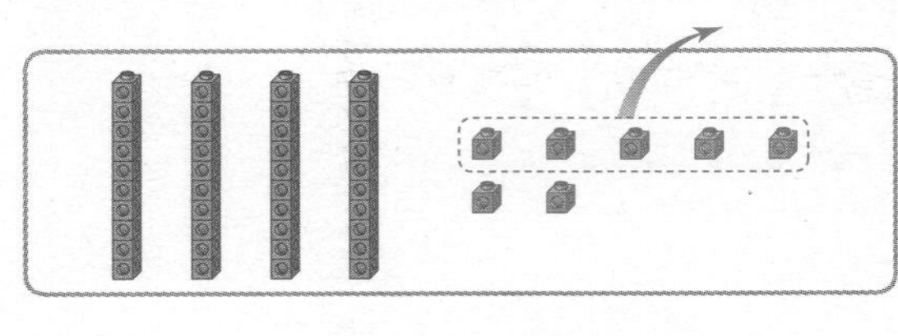

$47-5=\square$

[1단원]

**5** 수를 두 가지 방법으로 읽으려고 합니다. 빈칸에 알맞게 써넣으세요. 3점

| 수 | 읽기 | |
|---|---|---|
| 60 | 육십 | |
| 70 | | 일흔 |

[1단원]

**6** 두 수의 크기를 비교하여 ○ 안에 >, <를 알맞게 써넣고 알맞은 말에 ○표 하세요. 3점

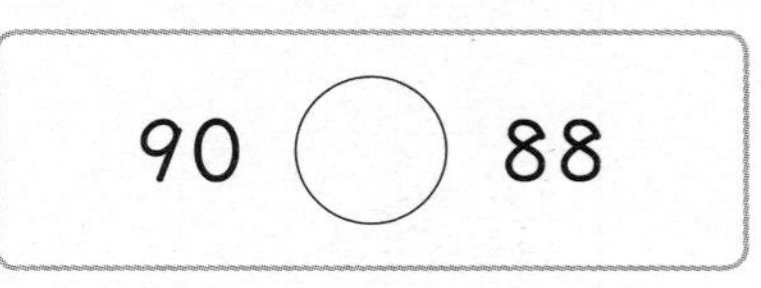

90 ○ 88

➔ 90은 88보다 ( 큽니다 , 작습니다 ).

[2단원]

**7** 준이의 수학 시험지의 일부분입니다. 틀린 곳을 찾아 바르게 계산하세요. 3점

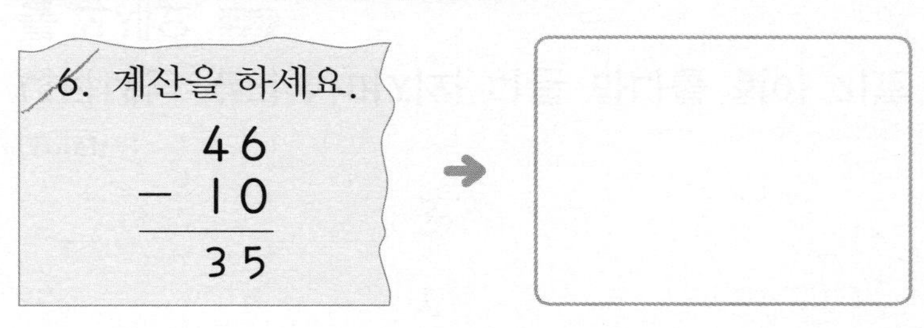


[3단원]

**8** 그림과 같이 물건을 점토에 찍어 냈을 때 나오는 모양은 ■, ▲, ● 모양 중에서 어떤 모양일까요? 3점

( )

[3단원]

**9** 왼쪽과 같은 모양을 오른쪽 점판에 그려 보세요. 3점

[1단원] 추론

**10** 구슬을 왼쪽부터 번호 순서대로 놓을 때 99 다음에 놓아야 할 구슬의 번호를 쓰세요. 3점

95 96 97 98 99 ?

(　　　　　　)

[3단원]

**11** 모양에 대한 설명으로 바른 것에 ○표, 틀린 것에 ×표 하세요. 3점

- ● 모양은 뾰족한 곳이 3군데 있습니다. (　　)
- ▲ 모양은 뾰족한 곳이 있습니다. (　　)

[3단원]

**12** 여러 가지 모양의 과자입니다. ● 모양의 과자는 모두 몇 개일까요? 3점

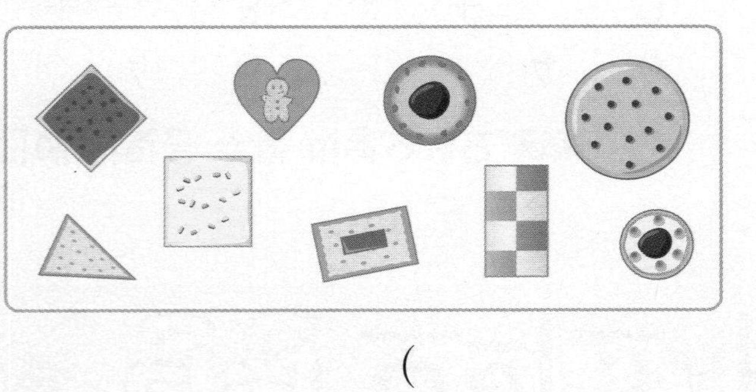

(　　　　　　)

[2단원]

**13** 57−22를 여러 가지 방법으로 계산한 것입니다. 바르게 계산한 사람은 누구일까요? 3점

- 서희: 나는 57에서 20을 뺀 다음 다시 2를 뺐어.
- 진혁: 나는 50에서 20을 뺀 다음 다시 2를 뺐어.

(　　　　　　)

[1단원]

**14** 나타내는 수가 나머지와 다른 하나를 찾아 기호를 쓰세요. 3점

㉠ 육십구　㉡ 일흔아홉
㉢ 10개씩 묶음 6개와 낱개 9개인 수

(　　　　　　)

[3단원]

**15** 우리 주변에서 볼 수 있는 ▲ 모양의 물건을 1개 찾아 쓰세요. 3점

(　　　　　　)

[2단원]

**16** 윤재는 시장에서 호두와 땅콩을 샀습니다. 윤재는 땅콩보다 호두를 몇 개 더 샀을까요? 3점

윤재: 호두는 40개, 땅콩은 10개를 샀어.

(　　　　　　)

[3단원]

**17** □, △, ○ 모양을 이용하여 자동차 모양을 만들었습니다. 이용한 △ 모양은 모두 몇 개일까요? 4점

(　　　　　　　)

[1단원] 문제 해결

**18** 연필이 93자루 있습니다. 한 상자에 연필을 10자루씩 담으면 몇 상자까지 만들 수 있고, 몇 자루가 남을까요? 4점

(　　　　　　　), (　　　　　　　)

[2단원]

**19** 책장에 꽂혀 있는 책 중에서 빨간색 책과 파란색 책은 모두 몇 권일까요? 4점

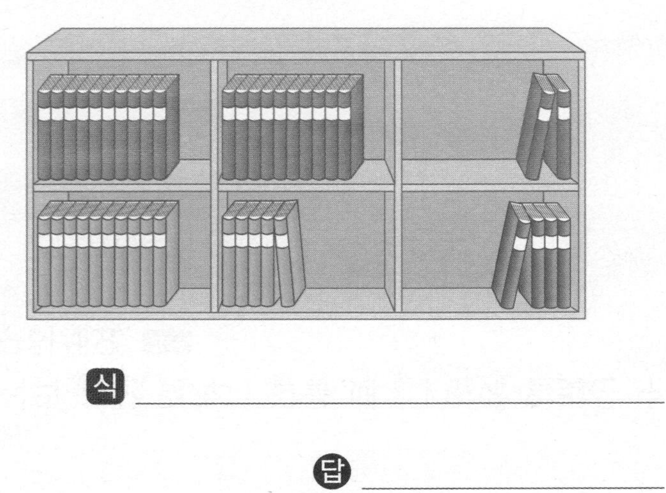

식 ____________________

답 ____________

[1단원]

**20** 개미의 수를 세어 숫자로 쓰고, 개미의 수는 짝수인지 홀수인지 쓰세요. 4점

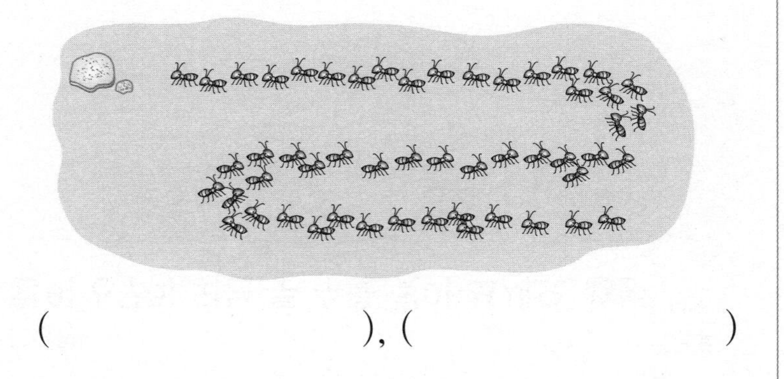

(　　　　　　　), (　　　　　　　)

[1단원]

**21** 보기에 따라 □ 안에 알맞은 수를 써넣으세요. 4점

보기
↓ 1만큼 더 작은 수　→ 1만큼 더 큰 수

시작

60

↓

□ → 60 → □

[3단원] 추론

**22** 다음 나무 블록에 물감을 묻혀 찍기를 하려고 합니다. □, △, ○ 모양 중에서 나올 수 없는 모양 하나를 구하세요. 4점

(　　　　　　　)

[2단원]

**23** 계산 결과가 가장 큰 것을 찾아 기호를 쓰세요. 4점

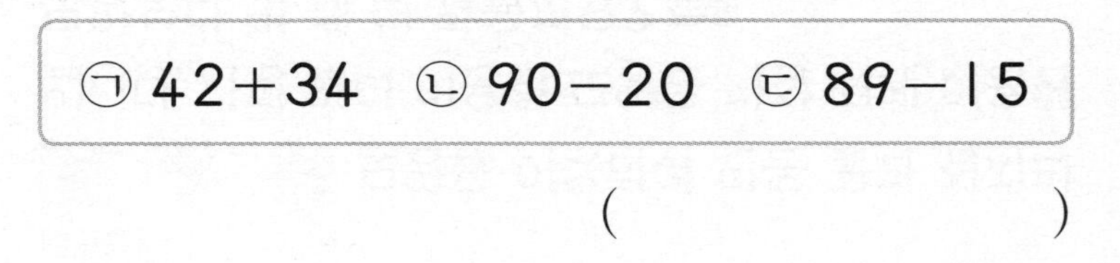

㉠ 42+34　㉡ 90−20　㉢ 89−15

(　　　　　　　)

[1단원] 추론

**24** 짝수와 홀수를 구분하여 ○ 안에 알맞은 수를 써넣으세요. 4점

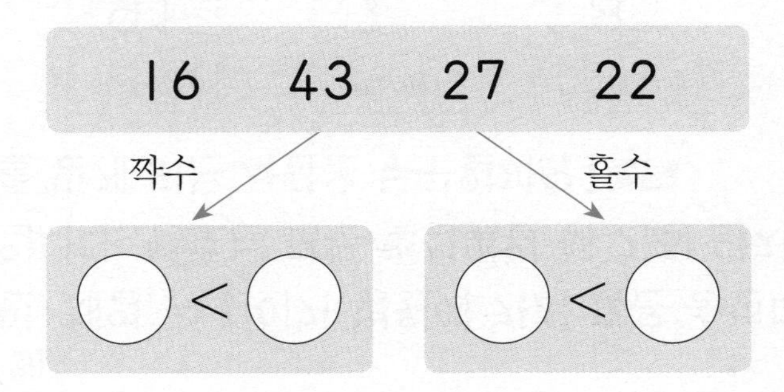

[2단원] 추론

**25** 합이 67이 되는 두 수를 찾아 쓰세요. 4점

| 23 | 15 | 32 | 44 |
|---|---|---|---|

(　　　　　　　　)

[2단원]

**26** 두 식의 계산 결과가 같을 때 □ 안에 알맞은 수를 구하세요. 4점

90−10　　60+□

(　　　　　　　　)

[2단원] 서술형

**27** 어떤 수에 5를 더해야 할 것을 잘못하여 빼었더니 24가 되었습니다. 어떤 수는 얼마인지 풀이 과정을 쓰고 답을 구하세요. 4점

풀이 ______________________

답 ______________

[1단원] 창의·융합

**28** 경민, 재영, 수진이가 병원에 가서 뽑은 순번대기표입니다. 번호는 모두 몇십몇일 때 가장 먼저 진료를 받게 되는 사람은 누구일까요? 4점

천재 병원 91 경민　　천재 병원 7 재영　　천재 병원 8 수진

(　　　　　　　　)

[3단원]

**29** □, △, ○ 모양을 이용하여 만든 꽃과 잠자리입니다. 가장 많이 이용한 모양은 가장 적게 이용한 모양보다 몇 개 더 많을까요? 4점

(　　　　　　　　)

[3단원] 서술형

**30** 선정이는 □, △, ○ 모양으로 벙어리 장갑 한 짝을 오른쪽과 같이 꾸미려고 합니다. 장갑 한 켤레를 꾸미려면 □ 모양은 몇 개 필요한지 풀이 과정을 쓰고 답을 구하세요. 4점

풀이 ______________________

답 ______________

4~6 단원

# 요점만화

재크야!
지금 몇 시니?

짧은바늘이 3,
긴바늘이 12를
가리키니까 3시예요!

어쩌면 좋지?
벌써 3시가 됐는데
오늘은 거위가
황금똥을 한 번도
못 싸는구나…….
헉!
정말요?
나
변비 걸렸
나봐…….

이제
우리는 뭐
먹고 살아야
하나. 흑흑!
걱정 마세요. 엄마!
제가 다시 콩나무
타고 올라가서
뭐 좀 훔쳐 올게요.

그러다
거인에게 잡히면
어쩌려고?
괜찮아요!
제가 좀
똑똑하잖아요~.

그래! 잘
다녀와라, 우리 아들!
돌아오면 맛있는
거위탕 준비해
놓을게!
꽥

난 거위탕이나
준비하고 있을까?
아줌마,
잠깐만요!!

왜 그러니?
혹시 똥 마렵니?
네…… 이 끈 좀
풀어 주세요.
나올 것 같아요.

끄응

끙
멀었니?

벌써
긴바늘이 6을
가리키는데,
그럼 몇 시지?
3시 30분
이잖아요.

끙
뿌웅
윽!
방구였구나?

거인이
한 명인 줄 알았는데
몇 명 더 있었잖아?

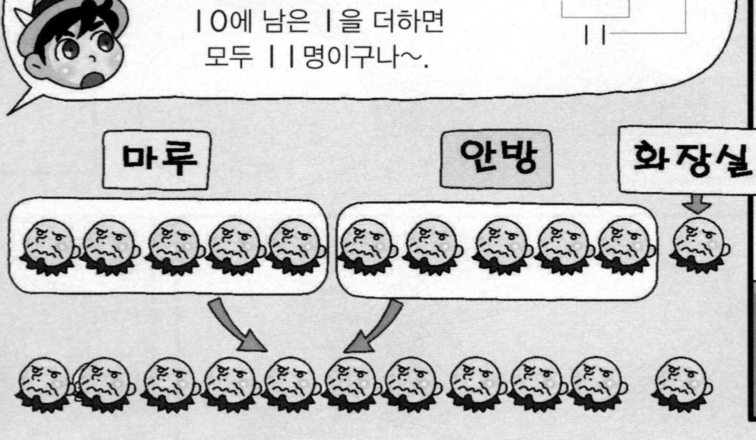
마루에 5명,
안방에 5명, 화장실에 1명……
5와 5를 먼저 더하면 10이고,
10에 남은 1을 더하면
모두 11명이구나~.
5+5+1=11
10
11
마루
안방
화장실

조심해야
겠다.
꼬르륵

너무 조심했더니
배고프다.
주방에 가서 뭐 좀
먹어야겠어.
살금
살금
와! 내가 좋아하는
방울토마토랑 딸기다!
와구
와구

요 녀석!
척
헉!
거인이
한 명 더 있었
잖아…….

감히 내
간식을 15개나
훔쳐 먹어?
억울해요!
억울하긴
뭐가 억울해?

바구니에
방울토마토 7개와
딸기 4개만
있었다고요~.
맞아!
그게 왜?

7과 3을 더하면
10이 되므로 4를
3과 1로 가르기 하여
계산하면 모두 11개가
되잖아요~.
7+4=11
3 1
아하!
그렇네!
그러니까
살려주세요~.
그러니까
못 살려주지!

그날 밤
거인 12명 중에서
5명이 잠들었으니……
12−5=7이니까
2 3
이제 7명만 더 잠들면
탈출해야겠다.

쿨
거인들이 모두 잠들었네? 이때다! 빨리 탈출해야지!

거인들의 옷 색깔이 빨간색 — 파란색이 반복되는 규칙으로 누워서 자고 있잖아?
쿨
쿨
쿨
쿨

살금
살금

쾅
툭
아야~

으……
뭐야?

앗! 녀석이 도망친다~. 거기 서!!
이크! 도망치자!

이 녀석! 감히 내가 규칙을 만들어 꾸며 놓은 벽을 망가뜨리다니! 잡히기만 해 봐라!

문에 수가 써 있네? 11, 14, 17, 20, 23……
11 14 17 20 23

아! 3씩 커지는 규칙이구나? 그럼 빈칸에 들어갈 수는 26!
슥슥
26

드르륵
와! 문이 열렸다.

거기 서!!
후다다닥

아줌마! 드디어 재크가 돌아왔어요!

재크야~.
엄마~.

아줌마! 위에서 거인도 쫓아내려 와요~.

재크와 엄마는 도끼로 콩나무를 베어서 거인을 떨어뜨려 죽이고 오래오래 가난하게 살았습니다.
꼬르륵
그러게 내 똥 좀 아껴 쓰지~.

# 수학경시대회 대표유형 문제

▶ 정답은 9쪽

## 4. 덧셈과 뺄셈 (2)

**1 세 수의 덧셈과 세 수의 뺄셈하기**

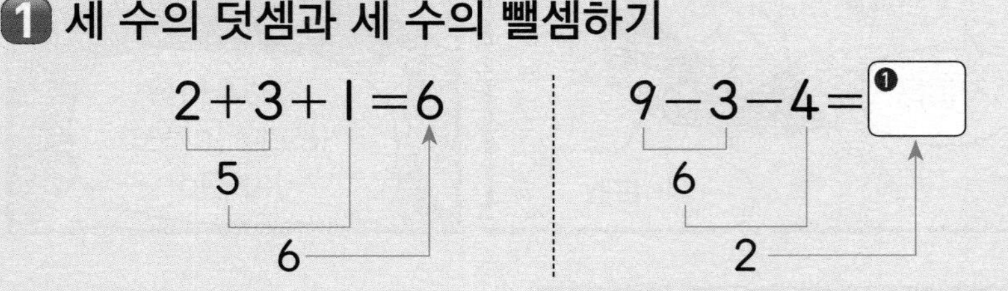


**2 두 수를 더하기**

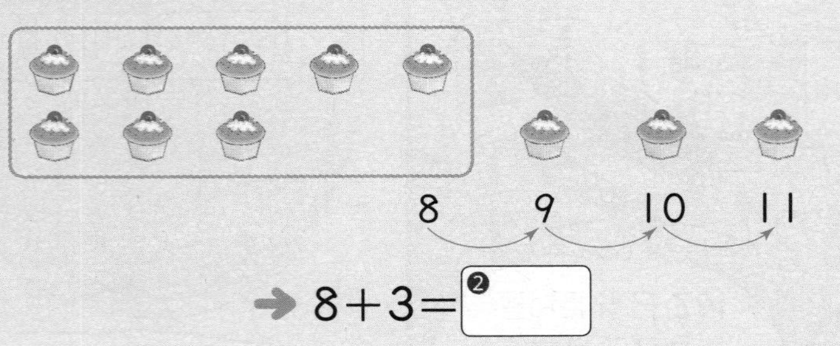


➜ 8+3=❷

두 수를 바꾸어 더해도 결과(합)가 같습니다.
예 8+3=11, 3+8=11

**3 10이 되는 더하기**

1+9=10, 2+8=10, 3+7=10,
4+6=10, 5+5=10, 6+4=10,
7+3=10, 8+2=10, 9+❸=10

**4 10에서 빼기**

10−1=9, 10−2=8, 10−3=7,
10−4=6, 10−5=5, 10−6=4,
10−7=3, 10−8=2, 10−9=❹

**5 10을 만들어 더하기**

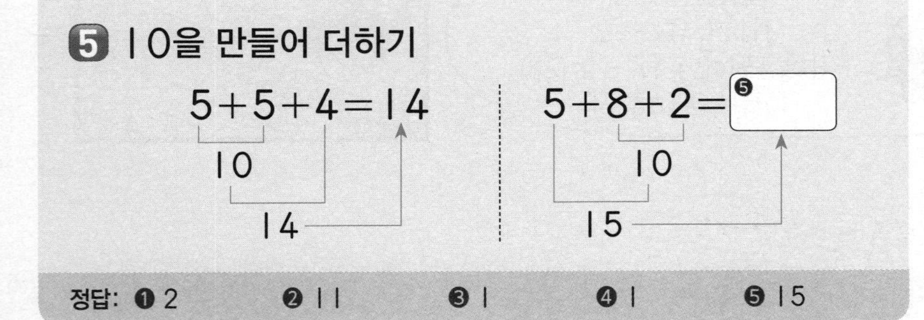


정답: ❶ 2 ❷ 11 ❸ 1 ❹ 1 ❺ 15

**대표유형 1**

세 수의 합을 구하세요.

4 2 3

풀이

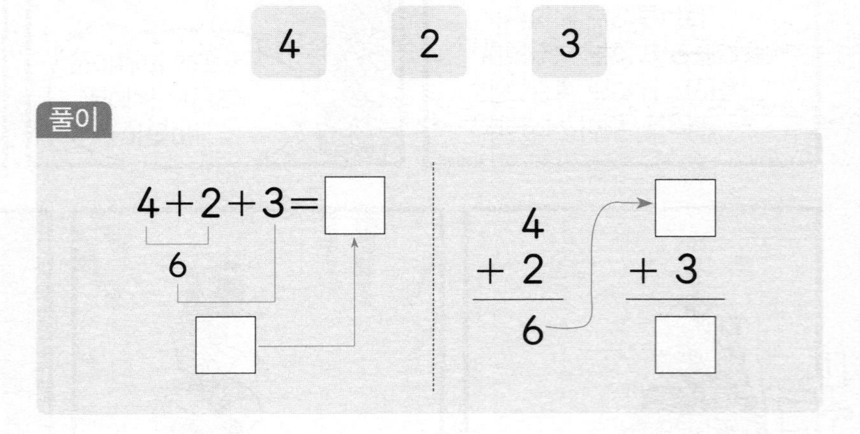


답 ______

**대표유형 2**

계산 결과가 6인 것을 찾아 기호를 쓰세요.

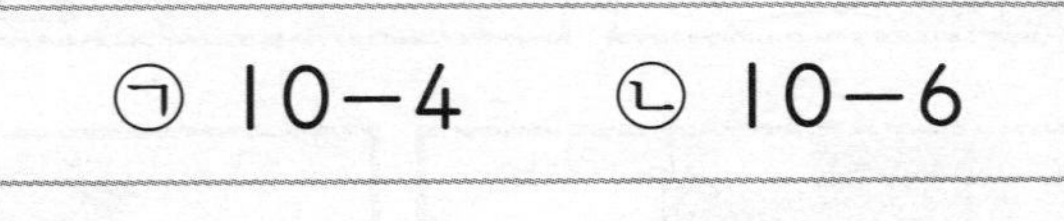


풀이

㉠ 10−4=☐, ㉡ 10−6=☐

➜ 계산 결과가 6인 것은 ☐입니다.

답 ______

**대표유형 3**

인형은 모두 몇 개인지 구하세요.

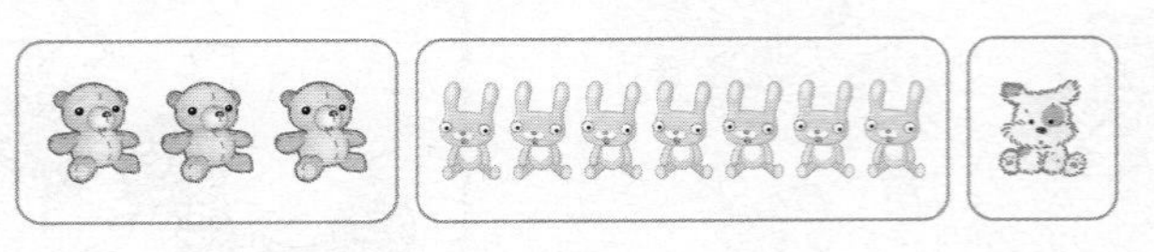

풀이

곰 인형은 3개, 토끼 인형은 7개, 강아지 인형은 ☐개입니다.

➜ 3+7+1=☐+1=☐이므로

인형은 모두 ☐개입니다.

답 ______

▶정답은 9쪽

**1** 그림을 보고 뺄셈을 해 보세요.

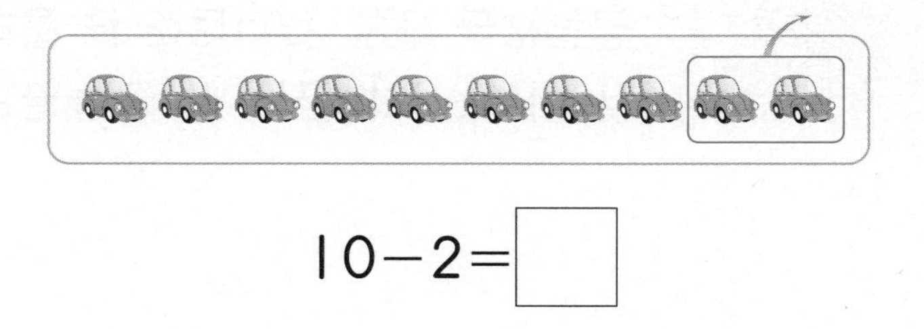

10−2=□

**2** □ 안에 알맞은 수를 써넣으세요.

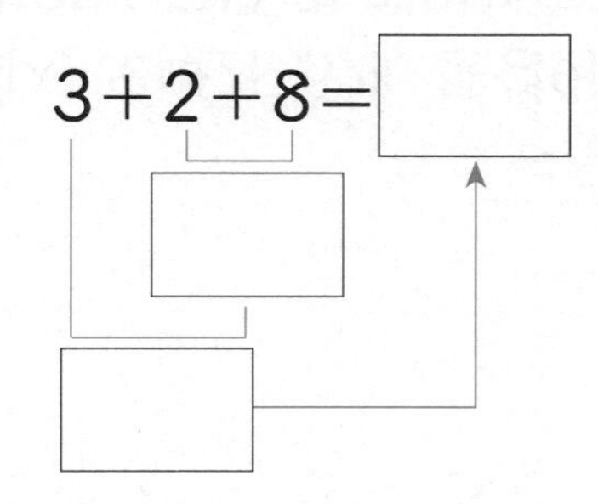


**3** □ 안에 알맞은 수를 써넣으세요.

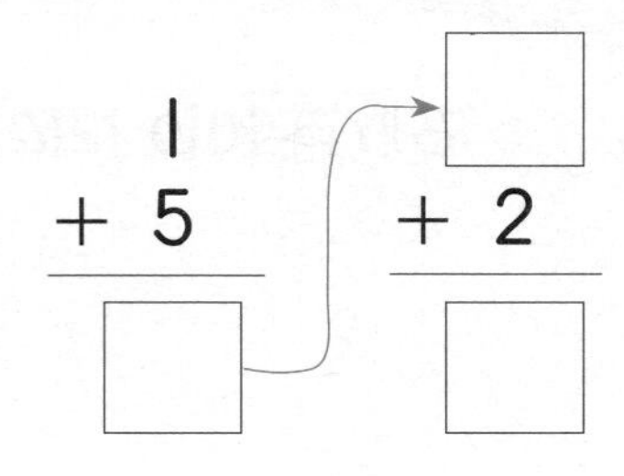


**4** 그림에 맞는 덧셈식을 만들어 보세요.

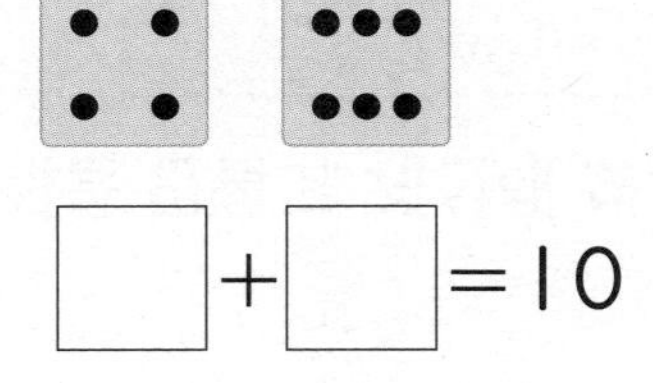


**5** 9+1+7과 합이 같은 것에 ○표 하세요.

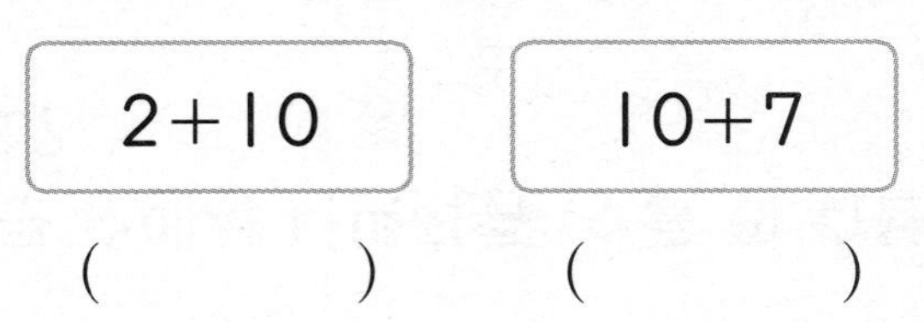


( ) ( )

**6** 계산을 하세요.

(1) 7+3+2  (2) 6+5+5

**7** 잘못 계산한 것을 찾아 기호를 쓰세요.

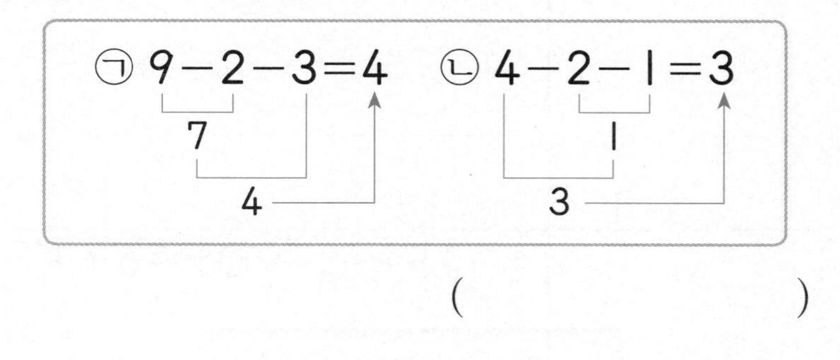


( )

**8** 더해서 10이 되는 두 수에 ○표 하고, 세 수의 합을 구하세요.

6  4  5

( )

**9** 합이 10이 되는 칸에 모두 색칠해 보세요.

| 4+5 | 1+9 |
|---|---|
| 3+7 | 6+2 |

**10** 융합형 무궁화와 목련의 꽃잎 수는 모두 몇 장일까요?

무궁화: 5장

목련: 8장

( )

**11** 가장 큰 수에서 나머지 두 수를 뺀 값은 얼마일까요?

3　8　2

(　　　　　　)

**12** 그림에 맞는 식을 만들고 계산해 보세요.

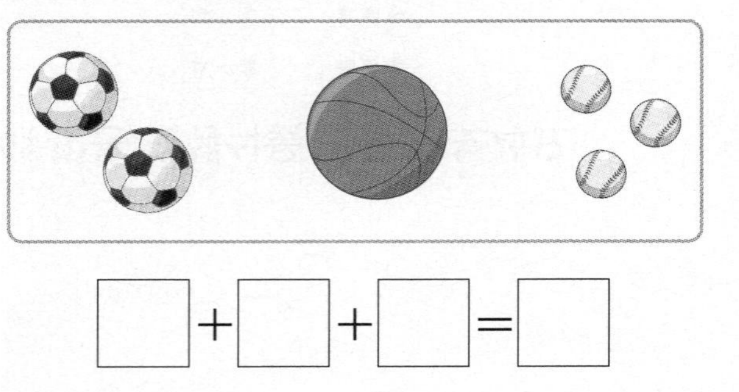

□+□+□=□

**13** 합이 같은 것끼리 이어 보세요.

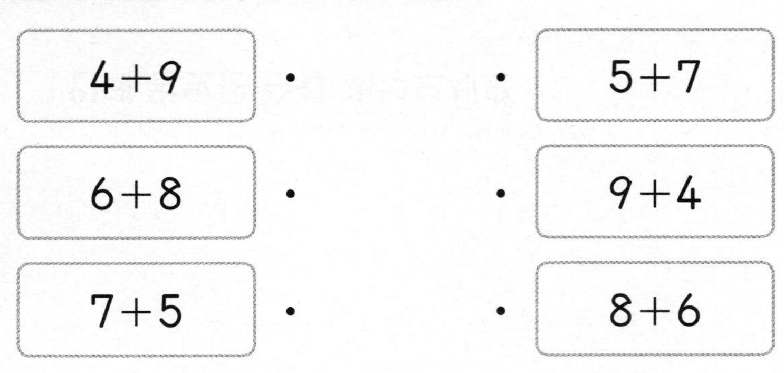


**14** 귤 9개 중에서 오빠가 5개, 동생이 3개를 먹었습니다. 남아 있는 귤은 몇 개일까요?

식 ____________________

답 ____________________

**15** 오른쪽은 세 어린이가 가위바위보를 한 것입니다. 펼친 손가락은 모두 몇 개일까요?

식 ____________________

답 ____________________

**16** 문제 해결

밑줄 친 두 수의 합이 10이 되도록 ○ 안에 수를 써넣고, 식을 완성해 보세요.

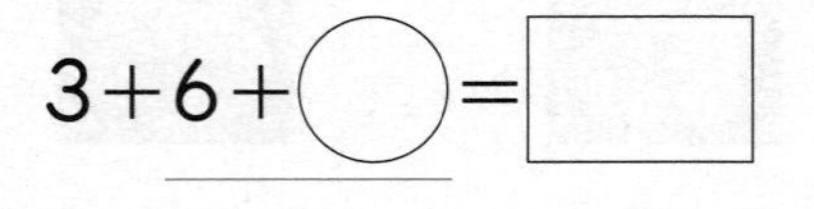


**17** 10에서 어떤 수를 뺐더니 2가 되었습니다. 어떤 수는 얼마일까요?

(　　　　　　)

**18** 계산 결과를 비교하여 ○ 안에 >, =, <를 알맞게 써넣으세요.

4+1+3　○　10−1

**19** 창의·융합

더해서 10이 되는 두 수를 모두 찾아 ⬭표 하고, 덧셈식을 써 보세요.

| | | |
|---|---|---|
| 1 | 9 | 8 |
| 3 | 1 | 2 |
| 7 | 5 | 6 |

1+9=10, ____________________

____________________

**20** 두 수의 차를 구하여 보기에서 그 차의 글자를 찾아 써 보세요.

보기

| 3 | 4 | 5 | 6 | 7 |
|---|---|---|---|---|
| 국 | 지 | 도 | 삼 | 영 |

10−4　　10−7　　10−6

○　　○　　○

# 수학경시대회 대표유형 문제

▶정답은 11쪽

## 5. 시계 보기와 규칙 찾기

### 1 몇 시와 몇 시 30분 알아보기

(1) 몇 시 알아보기

짧은바늘이 ❶ [ ], 긴바늘이 12를 가리킬 때 시계는 5시를 나타내고, **다섯 시**라고 읽습니다.

(2) 몇 시 30분 알아보기

짧은바늘이 2와 3 사이, 긴바늘이 6을 가리킬 때 시계는 2시 30분을 나타내고, **두 시 삼십 분**이라고 읽습니다.

### 2 규칙을 찾아 여러 가지 방법으로 나타내기

규칙 빨간 장미 — 노란 장미 — ❷ [ ] 장미가 반복됩니다.

➔ 

| △ | ○ | △ | △ | ○ | △ | △ | ❸ |
|---|---|---|---|---|---|---|---|

### 3 규칙을 만들어 무늬 꾸미기

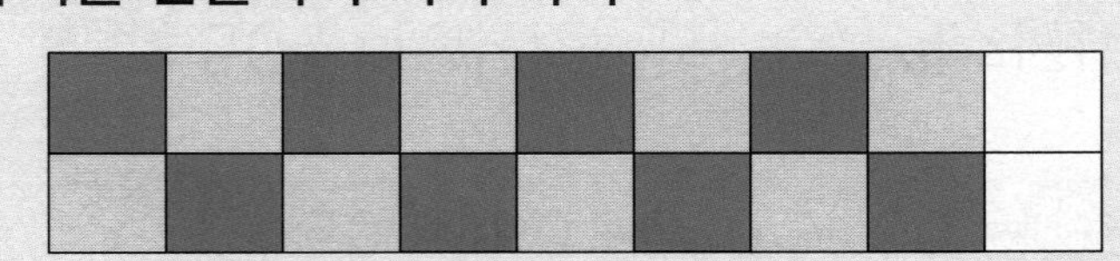

규칙 첫째 줄은 초록색 — 노란색이 반복되고, 둘째 줄은 노란색 — 초록색이 반복됩니다.

➔ 첫째 줄의 빈칸은 초록색을, 둘째 줄의 빈칸은 ❹ [ ]을 칠합니다.

### 4 수 배열표에서 규칙 찾기

| 1 | 2 | 3 | 4 | 5 | 6 | 7 | 8 | 9 | 10 |
|---|---|---|---|---|---|---|---|---|---|
| 11 | 12 | 13 | 14 | 15 | 16 | 17 | 18 | 19 | 20 |
| 21 | 22 | 23 | 24 | 25 | 26 | 27 | 28 | 29 | 30 |

규칙 ……에 있는 수는 11부터 시작하여 20까지 1씩 커지고, ……에 있는 수는 9부터 시작하여 29까지 ❺ [ ]씩 커집니다.

정답: ❶ 5 ❷ 빨간 ❸ ○ ❹ 노란색 ❺ 10

**대표유형 1**

오른쪽 시계를 보고 몇 시인지 써 보세요.

풀이

짧은바늘이 [ ], 긴바늘이 [ ]를 가리킵니다.

➔ 시계가 나타내는 시각은 [ ]시입니다.

답 ______

**대표유형 2**

규칙에 따라 수박과 사과를 놓았습니다. ㉠에 알맞은 것의 이름을 쓰세요.

풀이

수박 — 사과 — [ ]가 반복됩니다.

➔ ㉠은 [ ] 다음이므로 알맞은 것은 [ ]입니다.

답 ______

**대표유형 3**

규칙에 따라 빈 곳에 알맞은 수를 구하세요.

30 — 32 — 34 — 36 — [ ]

풀이

30 → 32 → 34 → 36이므로 (2만큼 더 큰 수, 2만큼 더 큰 수, 2만큼 더 큰 수)

[ ]씩 커지는 규칙입니다.

➔ 빈 곳에 알맞은 수는 36보다 2 큰 수인 [ ]입니다.

답 ______

## 5회 수학경시대회 기출문제

5. 시계 보기와 규칙 찾기

점수 | 확인 |

▶정답은 11쪽

**1** 규칙을 찾아 반복되는 부분에 ○표 하세요.

( ) ( )

**2** 규칙을 찾아 □ 안에 알맞은 수를 써넣으세요.

50 60 70 80 90

규칙 50부터 시작하여 □씩 커집니다.

**3** 시계를 보고 □ 안에 알맞은 수를 써넣으세요.

짧은바늘이 □, 긴바늘이 12를 가리키므로 □시입니다.

**4** 규칙을 찾아 □ 안에 알맞은 말을 써넣으세요.

파란색 노란색

□ — 노란색 — □ 이 반복됩니다.

**5** 규칙에 따라 ◇와 ○를 이용하여 나타내세요.

| | | | | | | | |
|---|---|---|---|---|---|---|---|
| ◇ | ◇ | ○ | ◇ | ◇ | ○ | | |

**6** 시각을 써 보세요.

( )

**7** 규칙에 따라 빈칸에 알맞은 모양을 그려 보세요.

| △ | ♡ | △ | ♡ | △ | ♡ | | |
|---|---|---|---|---|---|---|---|
| ♡ | △ | ♡ | △ | ♡ | △ | | |

**8** 시곗바늘을 그려 넣고, 시각을 써 보세요.

**[9~10]** 수 배열표를 보고 물음에 답하세요.

| 61 | 62 | 63 | 64 | 65 | 66 | 67 | 68 | 69 | 70 |
|---|---|---|---|---|---|---|---|---|---|
| 71 | 72 | 73 | 74 | 75 | 76 | 77 | 78 | 79 | 80 |
| 81 | 82 | 83 | 84 | 85 | 86 | 87 | | | |
| 91 | 92 | 93 | 94 | 95 | 96 | 97 | | | |

**9** 규칙을 바르게 말한 사람은 누구일까요?

준서: ‥‥‥에 있는 수는 64부터 시작하여 10씩 커져.

수민: ‥‥‥에 있는 수는 71부터 시작하여 5씩 커져.

( )

**10** 규칙에 따라 ■에 알맞은 수를 써넣으세요.

**11** 규칙에 따라 빈 곳에 알맞은 수를 써넣으세요.

| 8 | 3 | 8 | 3 |  |  | 8 |
|---|---|---|---|---|---|---|

**12** 같은 시각끼리 이어 보세요.

**13** 보기에서 찾은 규칙에 따라 무늬를 꾸며 보세요.

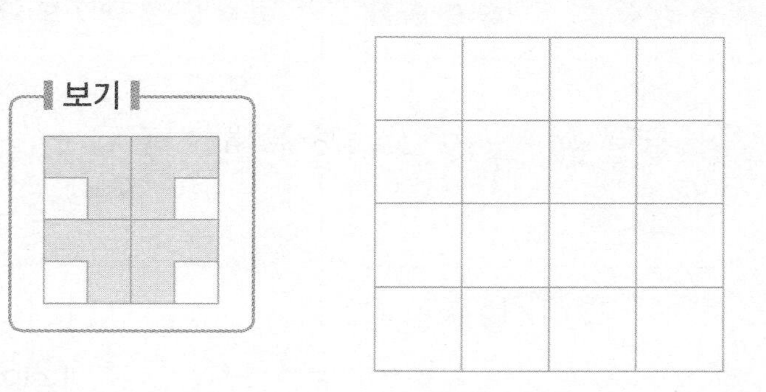


**14** 민정이는 3시 30분에 집에 도착했습니다. 민정이가 집에 도착한 시각을 시계에 나타내세요.

추론

**15** 빈칸에 들어갈 모양의 물건을 1개 찾아 쓰세요.

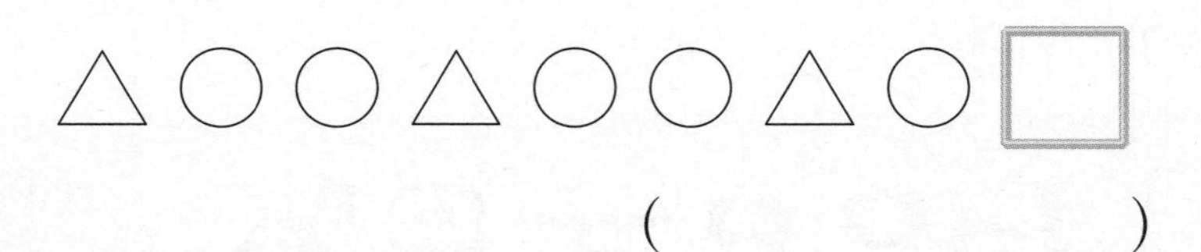

( )

**16** 시각을 시계에 나타내었을 때 시곗바늘이 6을 가리키지 않는 시각을 찾아 기호를 쓰세요.

㉠ 6시 ㉡ 12시 ㉢ 9시 30분

( )

**17** 규칙을 정하고, 빈 곳에 알맞은 수를 써넣으세요.

규칙 27부터 시작하여

| 27 |  |  |  |  |
|---|---|---|---|---|

**18** 규칙에 따라 시곗바늘을 그려 보세요.

문제 해결

**19** 규칙에 따라 □ 안에 들어갈 펼친 손가락은 모두 몇 개인지 구하세요.

( )

**20** 수 배열표에서 색칠한 수들의 규칙을 쓰고, 규칙에 따라 나머지 부분을 색칠하세요.

| 30 | 31 | 32 | 33 | 34 | 35 | 36 | 37 | 38 | 39 |
|---|---|---|---|---|---|---|---|---|---|
| 40 | 41 | 42 | 43 | 44 | 45 | 46 | 47 | 48 | 49 |
| 50 | 51 | 52 | 53 | 54 | 55 | 56 | 57 | 58 | 59 |

규칙

## 수학경시대회 대표유형 문제

▶정답은 12쪽

## 6. 덧셈과 뺄셈 (3)

### 1 10을 이용하여 모으기와 가르기

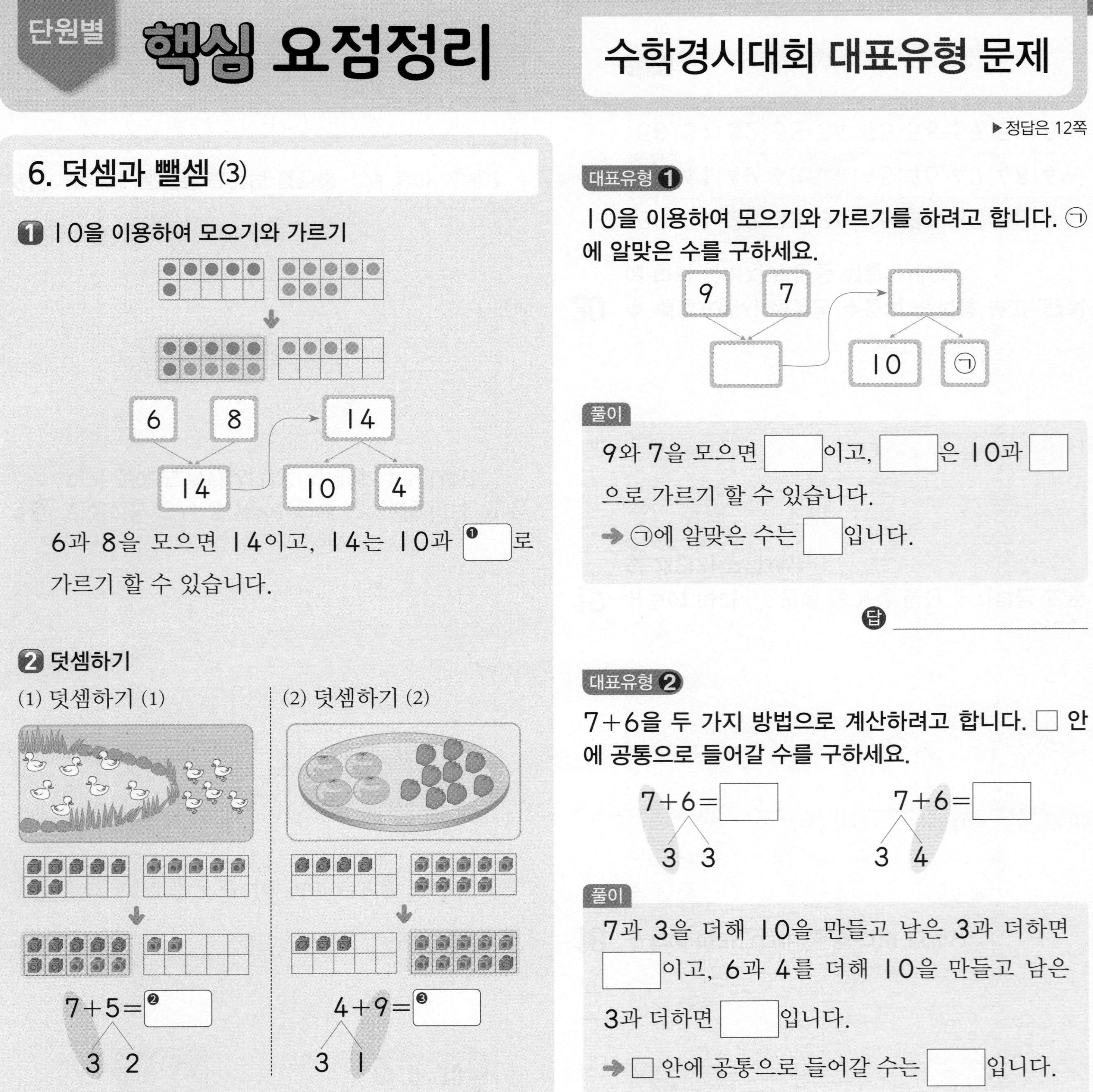


6과 8을 모으면 14이고, 14는 10과 ❶ ☐로 가르기 할 수 있습니다.

### 2 덧셈하기

(1) 덧셈하기 (1)

$7+5=$ ❷ ☐

(2) 덧셈하기 (2)

$4+9=$ ❸ ☐

### 3 뺄셈하기

(1) 뺄셈하기 (1)

$12-4=$ ❹ ☐

(2) 뺄셈하기 (2)

$11-6=$ ❺ ☐

정답: ❶ 4 ❷ 12 ❸ 13 ❹ 8 ❺ 5

**대표유형 1**

10을 이용하여 모으기와 가르기를 하려고 합니다. ㉠에 알맞은 수를 구하세요.

9, 7 → ☐ → ☐ → 10, ㉠

풀이

9와 7을 모으면 ☐이고, ☐은 10과 ☐으로 가르기 할 수 있습니다.

➔ ㉠에 알맞은 수는 ☐입니다.

답 ____________

**대표유형 2**

7+6을 두 가지 방법으로 계산하려고 합니다. ☐ 안에 공통으로 들어갈 수를 구하세요.

$7+6=$☐ (3 3)  $7+6=$☐ (3 4)

풀이

7과 3을 더해 10을 만들고 남은 3과 더하면 ☐이고, 6과 4를 더해 10을 만들고 남은 3과 더하면 ☐입니다.

➔ ☐ 안에 공통으로 들어갈 수는 ☐입니다.

답 ____________

**대표유형 3**

풍선 15개 중 8개가 터졌습니다. 남은 풍선은 몇 개일까요?

풀이

(남은 풍선 수)

=(원래 있던 풍선 수)−(터진 풍선 수)

=☐−☐=☐(개)

답 ____________

▶ 정답은 12쪽

**1** 그림을 보고 □ 안에 알맞은 수를 써넣으세요.

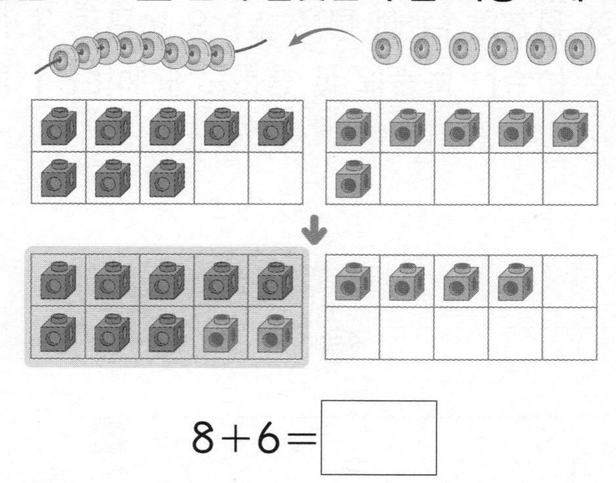

8+6=□

**2** 뺄셈을 해 보세요.

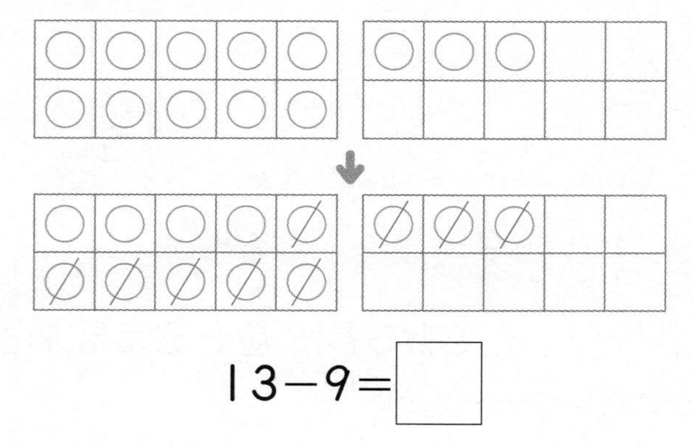

13−9=□

**3** □ 안에 알맞은 수를 써넣으세요.

3+8=□

1 □

**4** 빈 곳에 알맞은 수를 써넣으세요.

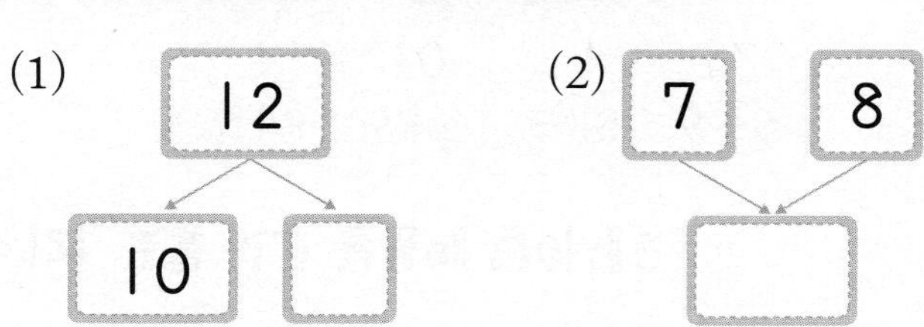


[5~6] 계산을 하세요.

**5** 8+5

**6** 16−7

**7** /으로 지워 뺄셈을 해 보세요.

14−5=□

**8** 빈 곳에 두 수의 합을 써넣으세요.

| 8 | 4 |
|---|---|
| | |

**9** 문제집 15쪽 중 6쪽을 풀었습니다. 남은 문제집은 몇 쪽일까요?

( )

**10** 야구공 5개와 테니스공 7개가 있습니다. 공은 모두 몇 개인지 ○를 그려 구하세요.

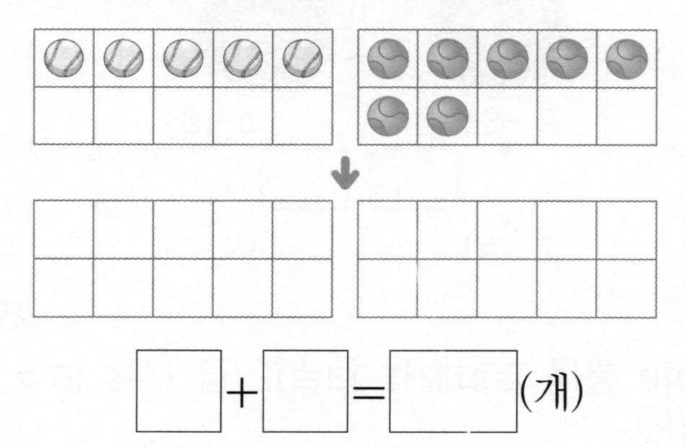

□+□=□(개)

[11~12] 표를 보고 물음에 답하세요.

| | | | |
|---|---|---|---|
| 6+3<br>9 | 6+4<br>10 | 6+5<br>11 | 6+6<br>12 |
| 7+3<br>10 | 7+4<br>11 | 7+5 | 7+6<br>13 |
| 8+3<br>11 | 8+4 | 8+5 | 8+6<br>14 |
| 9+3<br>12 | 9+4 | 9+5 | 9+6<br>15 |

**11** 빈 곳에 알맞은 수를 써넣으세요.

**12** 합이 12인 칸에 모두 ◯표 하세요.

**13** 빈 곳에 알맞은 수를 써넣으세요.

5 —(+9)→ ☐ —(−6)→ ☐

**14** 사과 7개가 들어 있는 바구니에 사과 9개를 더 담았습니다. 바구니에 들어 있는 사과는 모두 몇 개일까요?

식 ____________

답 ____________

**15** 학생 13명에게 연필을 한 자루씩 나누어 주려고 합니다. 연필이 8자루 있을 때 더 필요한 연필은 몇 자루인지 구하세요.

식 ____________

답 ____________

창의·융합

**16** 두 수의 차가 큰 것부터 차례대로 점을 이어 보세요.

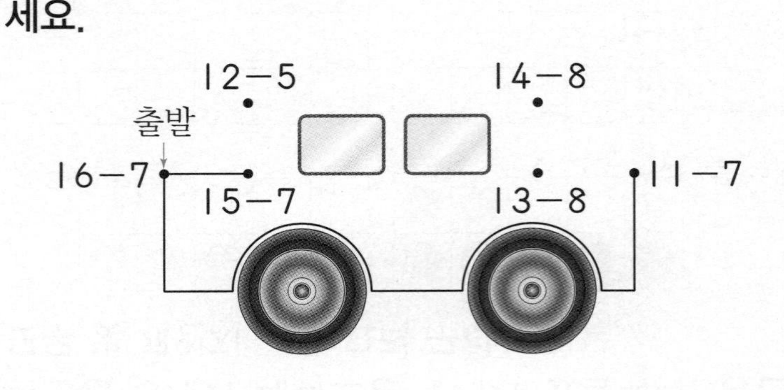


**17** 차가 5인 뺄셈식을 모두 찾아 색칠하세요.

| 12−8 | 11−6 |
|---|---|
| 13−5 | 14−9 |

**18** 초콜릿이 17개 있습니다. 상자 한 칸에 한 개씩 담으면 상자에 담고 남은 초콜릿은 몇 개인지 빈 곳에 알맞은 수를 써넣고, 구하세요.

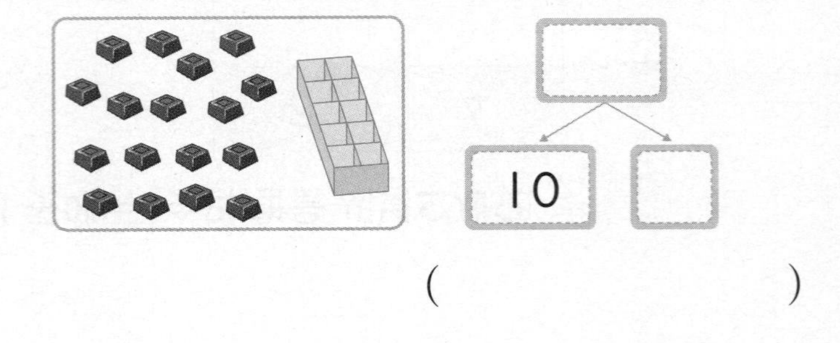


(　　　　　　)

문제 해결

**19** 옆으로 덧셈식이 되는 세 수를 찾아 (☐+☐=☐) 표 해 보세요.

| | | | | |
|---|---|---|---|---|
| (8 + 7 = 15) | | | 6 | 4 |
| 5 | 3 | 9 | 12 | 1 |
| 19 | 2 | 5 | 6 | 11 |

**20** 카드에 적힌 두 수의 차가 큰 사람이 이기는 놀이를 하였습니다. 현수는 15와 8을 골랐고, 예은이는 11과 5를 골랐습니다. 누가 이겼을까요?

(　　　　　　)

3회

수학경시대회

# 단원 모의고사

4. 덧셈과 뺄셈 (2) ~ 6. 덧셈과 뺄셈 (3)

점수 |

▶ 정답은 14쪽

[5단원]

**1** 오른쪽 시계를 보고 □ 안에 알맞은 수를 써넣으세요. 2점

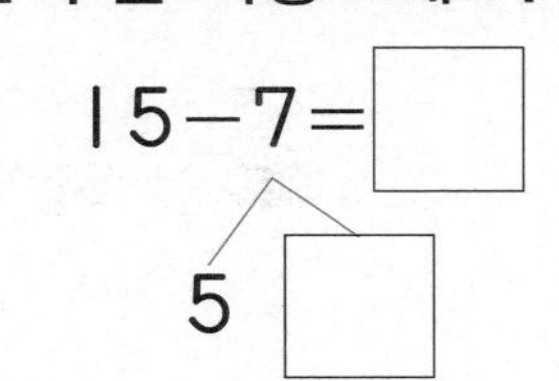

시계의 짧은바늘이 □, 긴바늘이 12를 가리키므로 □시입니다.

[6단원]

**2** 그림을 보고 □ 안에 알맞은 수를 써넣으세요. 2점

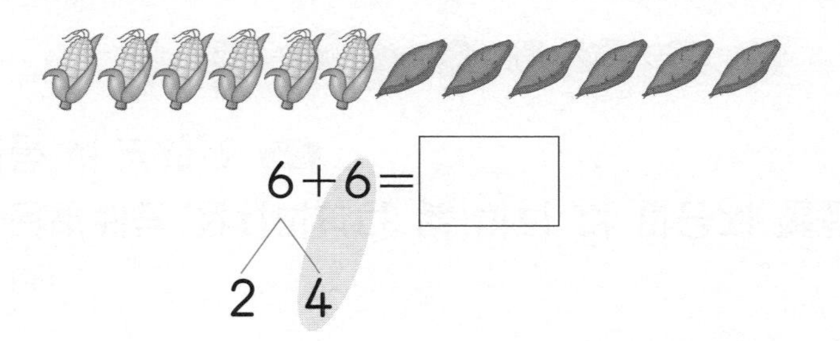


[4단원]

**3** 그림을 보고 □ 안에 알맞은 수를 써넣으세요. 2점

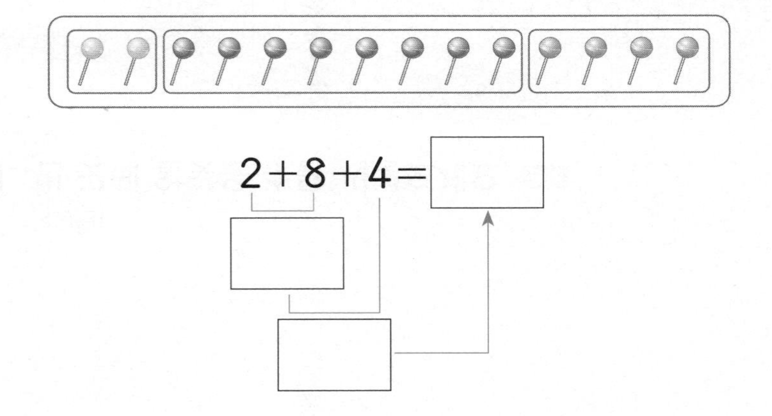


[5단원] 융합형

**4** 성준이가 걸으면서 찍힌 발자국입니다. 규칙을 찾아 □ 안에 알맞은 말을 써넣으세요. 2점

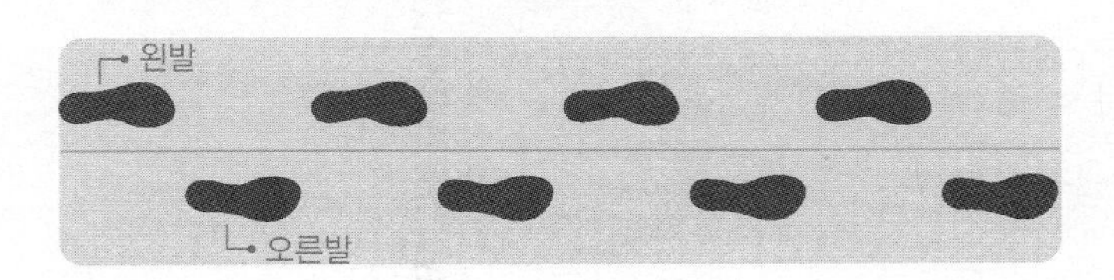


규칙 왼발 − □이 반복되는 규칙입니다.

[6단원]

**5** □ 안에 알맞은 수를 써넣으세요. 3점

[6단원]

**6** 빈 곳에 알맞은 수를 써넣으세요. 3점

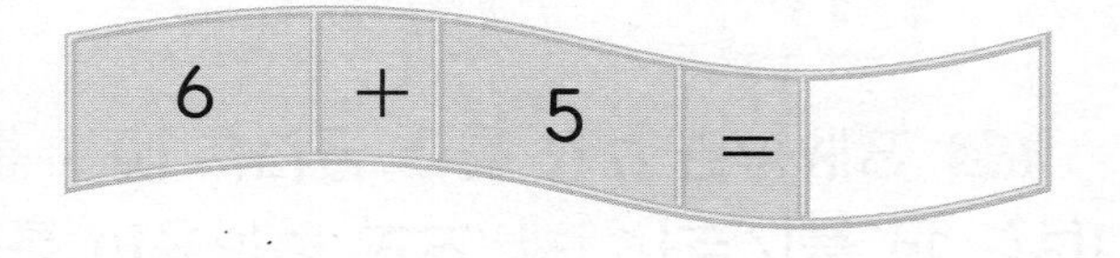


[4단원]

**7** 합이 10이 되는 두 수를 ⬭로 묶고, 세 수의 합을 구하세요. 3점

$6 + 5 + 5 = \square$

[5단원]

**8** 택시와 버스가 규칙적으로 서 있습니다. 규칙에 따라 □와 △를 이용하여 나타내어 보세요. 3점

| □ | △ | △ | □ | △ | | | |
|---|---|---|---|---|---|---|---|

[5단원]

**9** 시계가 나타내는 시각에 하고 싶은 일을 적은 것입니다. □ 안에 알맞은 수를 써넣으세요. 3점

오늘 저녁 □시 □분에 만화 영화를 보고 싶습니다.

[4단원]

**10** 빈 곳에 알맞은 수를 써넣으세요. 3점

8 → −3 → −1 → □

[4단원]

**11** 무당벌레는 잠자리보다 몇 마리 더 많은지 뺄셈식을 써 보세요. 3점

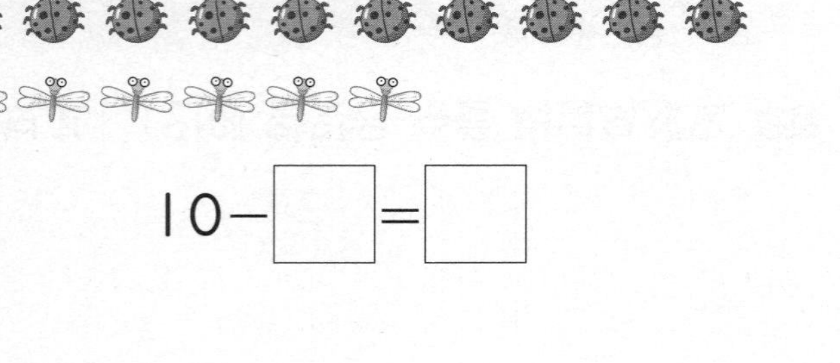
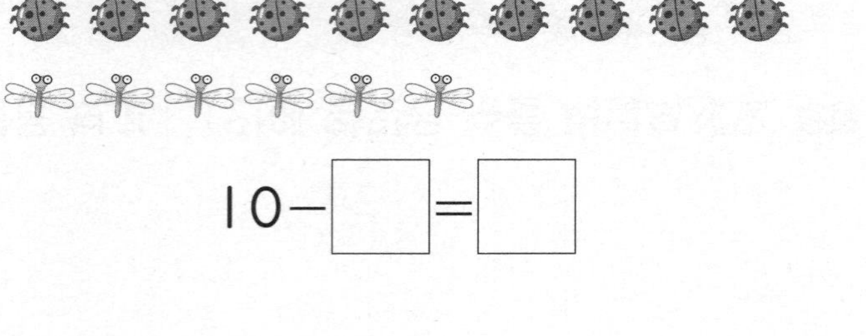

10−□=□

[4단원] 추론

**12** 더해서 10이 되도록 이어 보세요. 3점

5, 1, 7

[5단원]

**13** 시각에 알맞게 시곗바늘을 그려 넣으세요. 3점

2:30

[6단원]

**14** 강당에 어린이 7명이 있었는데 어린이 4명이 더 들어왔습니다. 강당에 있는 어린이는 모두 몇 명일까요? 3점

(　　　　　　)

[6단원]

**15** 10을 이용하여 모으기와 가르기를 한 것입니다. ㉠과 ㉡에 알맞은 수를 각각 구하세요. 3점

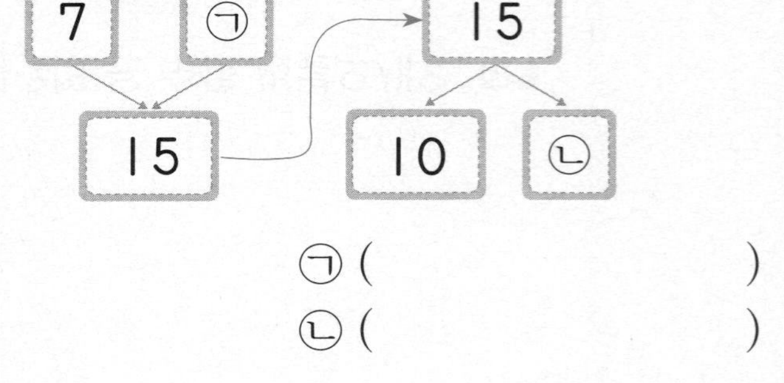


㉠ (　　　　　　)
㉡ (　　　　　　)

[4단원]

**16** 빵 9개 중에서 성진이는 2개, 민혜는 5개를 먹었습니다. 남아 있는 빵은 몇 개일까요? 3점

(　　　　　　)

[5단원]

**17** 규칙에 따라 알맞은 색으로 빈칸을 색칠해 보세요. 4점

[6단원]

**18** 어린이 16명에게 우유를 한 병씩 나누어 주려고 합니다. 우유가 9병 있다면 더 필요한 우유는 몇 병일까요? 4점

식 ______________________

답 ______________

[4단원] 문제 해결

**19** 정희는 징검다리를 건너고 있습니다. 지금까지 돌 8개를 밟고 건넜습니다. 정희가 돌 5개를 더 밟고 건너면 모두 몇 개를 밟고 건너는 것일까요? 4점

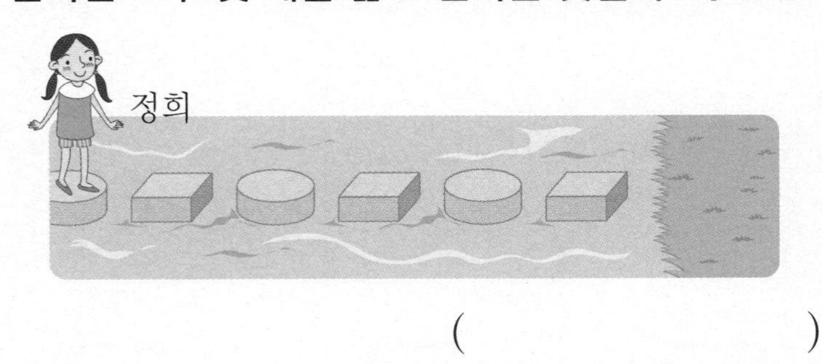


(　　　　　　)

[4단원]

**20** 합이 9인 것을 찾아 ○표 하세요. 4점

| 2+2+4 | 5+1+3 | 3+1+2 |
|---|---|---|
| (　　) | (　　) | (　　) |

[5단원]

**21** 규칙에 따라 빈칸에 알맞은 수를 써넣으세요. 4점

| 50 | | | | 54 | | | | 58 | |
|---|---|---|---|---|---|---|---|---|---|
| | | 62 | | | | 66 | | | |
| | | | | | | | | | |

[5단원] 서술형

**22** 규칙에 따라 ㉠에 알맞은 수를 구하려고 합니다. 풀이 과정을 쓰고 답을 구하세요. 4점

21 – 26 – 31 – 36 – [ ] – ㉠

풀이 ______________________

답 ______________

[5단원]

**23** 시곗바늘이 알맞게 그려진 시계를 모두 찾아 기호를 쓰세요. 4점

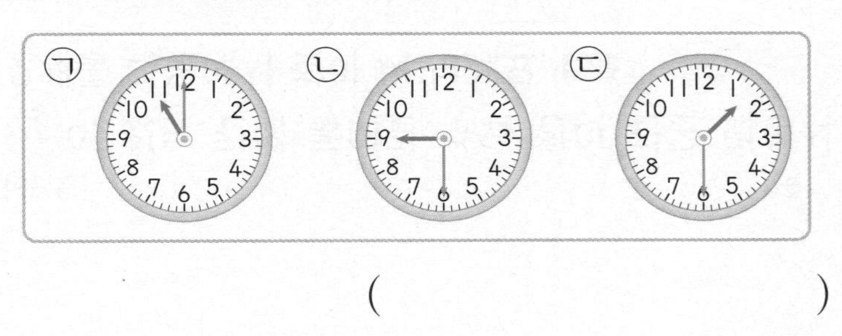


(　　　　　　)

[6단원] 창의·융합

**24** 옆으로 뺄셈식이 되는 세 수를 찾아 (□−□=□) 표 해 보세요. 4점

| 17 | − 9 = | 8 | 5 | 16 |
|---|---|---|---|---|
| 11 | 13 | 6 | 7 | 2 |
| 12 | 9 | 3 | 11 | 4 |

[4단원]

**25** 계산을 하고 계산 결과에 해당되는 글자를 보기 에서 찾아 빈 곳에 써넣으세요. 4점

보기

| 8 | 9 | 10 | 11 | 12 | 13 | 14 |
|---|---|---|---|---|---|---|
| 교 | 년 | 소 | 학 | 등 | 일 | 중 |

3+1+9　　7+3+1　　4+2+3

[5단원]

**26** 세 친구가 모양 조각을 규칙적으로 놓은 것입니다. 반복되는 부분을 잘못 묶은 사람은 누구인지 이름을 쓰고, 바르게 고쳐 보세요. 4점

호영

수정

태주

(　　　　　　　)

[6단원] 서술형

**27** 3장의 수 카드 중에서 2장을 뽑아 적힌 수의 합을 구하려고 합니다. 합이 가장 클 때의 합은 얼마인지 풀이 과정을 쓰고 답을 구하세요. 4점

9　6　4

풀이

답

[6단원]

**28** 공에 적힌 두 수의 차가 큰 사람이 이기는 놀이를 하였습니다. 이긴 사람의 이름을 쓰세요. 4점

4　13　　11　3

예나　　지환

(　　　　　　　)

[6단원] 추론

**29** 이 있는 칸에 들어갈 수와 합이 같은 덧셈식 2개를 다음에서 찾아 써 보세요. 4점

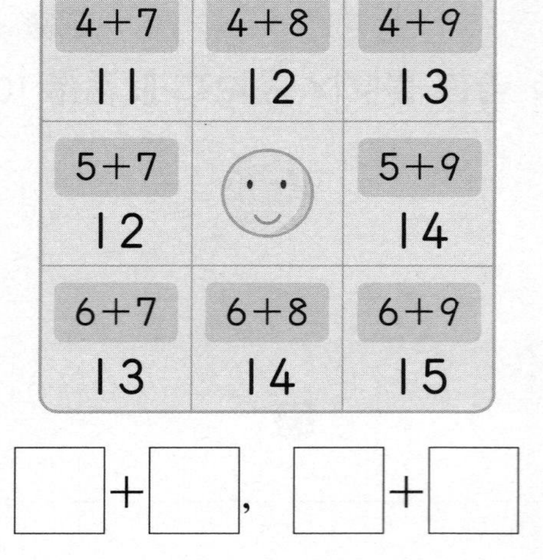

| 4+7<br>11 | 4+8<br>12 | 4+9<br>13 |
|---|---|---|
| 5+7<br>12 | | 5+9<br>14 |
| 6+7<br>13 | 6+8<br>14 | 6+9<br>15 |

□+□, □+□

[4단원] 문제 해결

**30** 같은 모양끼리 이어 목걸이를 만들려고 합니다. ●, ▲ 모양은 각각 몇 개일까요? 4점

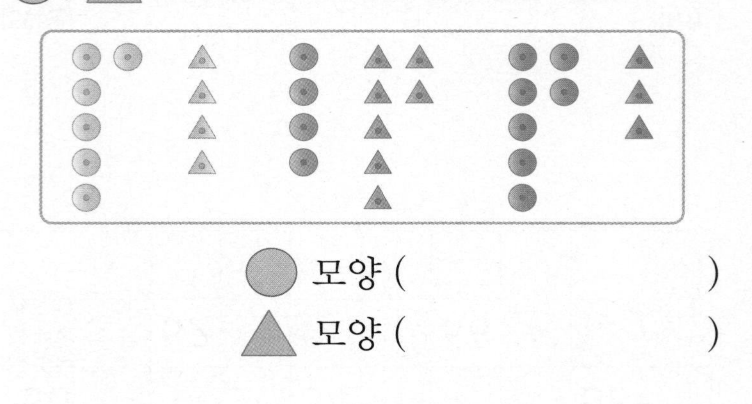

● 모양 (　　　　　　　)

▲ 모양 (　　　　　　　)

# 단원 모의고사

4. 덧셈과 뺄셈 (2) ~ 6. 덧셈과 뺄셈 (3)

점수 |

▶정답은 16쪽

[5단원]

**1** 시각을 쓰세요. 2점

□시

[6단원]

**2** 덧셈을 해 보세요. 2점

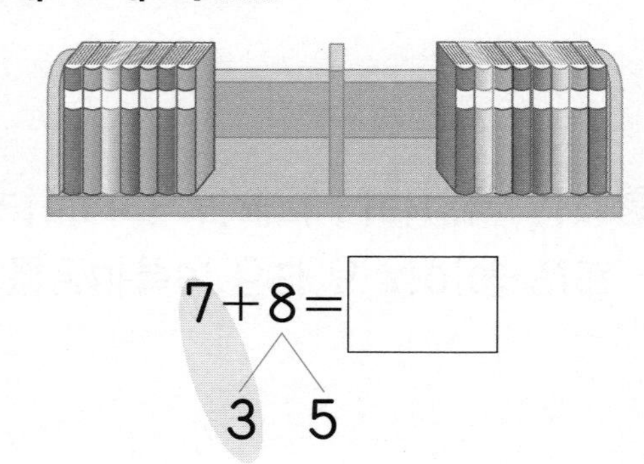

$7+8=\square$

3 5

[5단원]

**3** 시각에 알맞게 긴바늘을 그려 넣으세요. 2점

[5단원]

**4** 규칙에 따라 ○와 △를 이용하여 나타내세요. 2점

| | | | | | |
|---|---|---|---|---|---|
| ○ | △ | ○ | | | |

[6단원]

**5** 뺄셈을 하려고 합니다. □ 안에 알맞은 수를 써넣으세요. 3점

$13-4=\square$

10 □

[4단원]

**6** 합이 같은 것끼리 이어 보세요. 3점

| | |
|---|---|
| 5+7 • | • 6+8 |
| 8+6 • | • 7+5 |

[4단원]

**7** 합이 10이 되는 두 수에 ○표 하고, 세 수의 합을 구하세요. 3점

$9+1+6=\square$

[5단원]

**8** 규칙에 따라 색칠해 보세요. 3점

[4단원]

**9** 빈 곳에 알맞은 수를 써넣으세요. 3점

4 → +1 → +3 → □

[4단원]

**10** 다음 중에서 □ 안에 알맞은 수는 어느 것일까요? 3점 ( )

□+3=10

① 2 ② 3 ③ 4
④ 6 ⑤ 7

[5단원]

**11** 시계의 짧은바늘이 5와 6 사이에 있고, 긴바늘이 6을 가리킵니다. 시계가 나타내는 시각을 써 보세요. 3점

( )

[5단원] 의사소통

**12** 그림을 보고 □ 안에 알맞은 수를 써넣으세요. 3점

희정이는 □시 □분에 점심을 먹고 □시에 그네를 탑니다.

[4단원]

**13** 크기를 비교하여 ○ 안에 >, =, <를 알맞게 써넣으세요. 3점

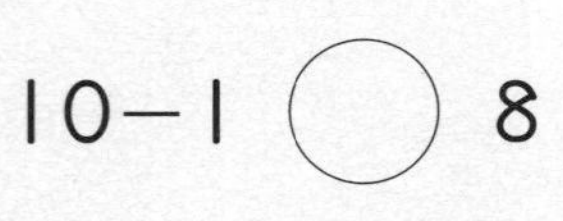


[6단원]

**14** 10을 이용하여 모으기와 가르기를 하려고 합니다. 빈 곳에 알맞은 수를 써넣으세요. 3점

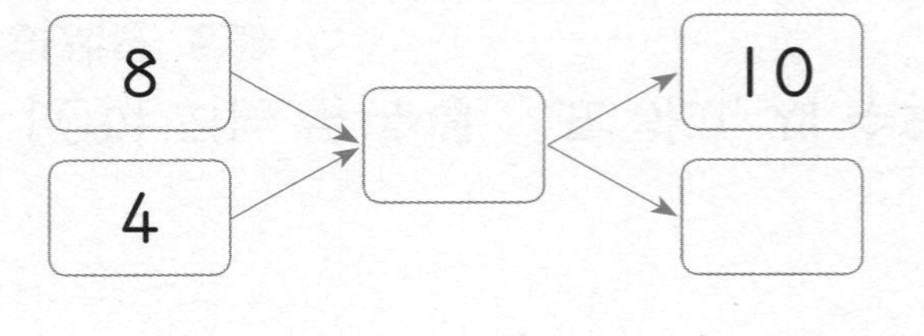


[4단원]

**15** 밑줄 친 두 수의 합이 10이 되도록 ○ 안에 수를 써넣고, 식을 완성하세요. 3점

3+○+8=□

[6단원]

**16** 진희는 빨간색 풍선 4개와 노란색 풍선 9개를 샀습니다. 진희가 산 풍선은 모두 몇 개일까요? 3점

식 ____________

답 ____________

[5단원] 서술형

**17** 규칙에 따라 마지막 카드에 알맞은 모양은 무엇인지 풀이 과정을 쓰고 모양을 그려 보세요. 4점

  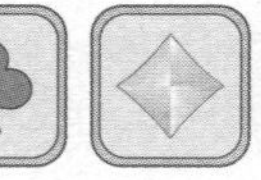    

풀이 ______________________

______________________

______________________

______________________

답 ______________

[4단원]

**18** 사탕 8개 중에서 민주가 1개, 선미가 3개를 먹었습니다. 남아 있는 사탕은 몇 개일까요? 4점

식 ______________

답 ______________

[6단원] 문제 해결

**19** 주사위 2개를 던져 나온 눈입니다. 나온 눈의 수의 합을 구하세요. 4점

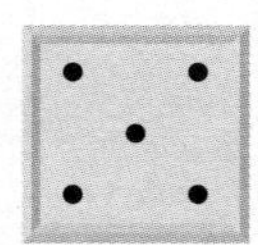 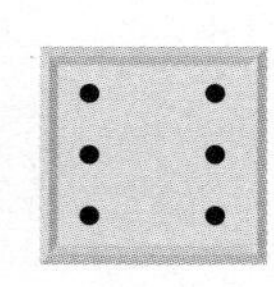

(                )

[4단원]

**20** 더해서 10이 되는 두 수를 모두 찾아 ◯표 하고, 덧셈식을 써 보세요. 4점

| (1) | (9) | 6 |
|---|---|---|
| 8 | 2 | 4 |

1+9=10, ______________

______________________

[4단원]

**21** 두 수의 차를 구하고 |보기|에서 그 차에 해당하는 글자를 찾아 써 보세요. 4점

|보기|

| 4 | 2 | 1 | 3 | 5 |
|---|---|---|---|---|
| 지 | 수 | 학 | 철 | 하 |

10−6=□ ➔ ______________

10−5=□ ➔ ______________

10−7=□ ➔ ______________

[6단원] 창의·융합

**22** 옆으로 덧셈식이 되는 세 수를 찾아 (□+□=□) 표 하세요. 4점

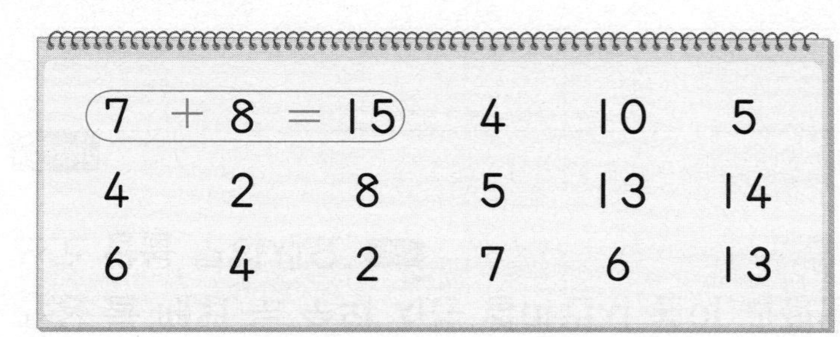

| (7 | + 8 | = 15) | 4 | 10 | 5 |
|---|---|---|---|---|---|
| 4 | 2 | 8 | 5 | 13 | 14 |
| 6 | 4 | 2 | 7 | 6 | 13 |

[5단원]

**23** 85부터 작아지는 규칙을 정하여 수를 늘어놓고, 어떤 규칙인지 쓰세요. 4점

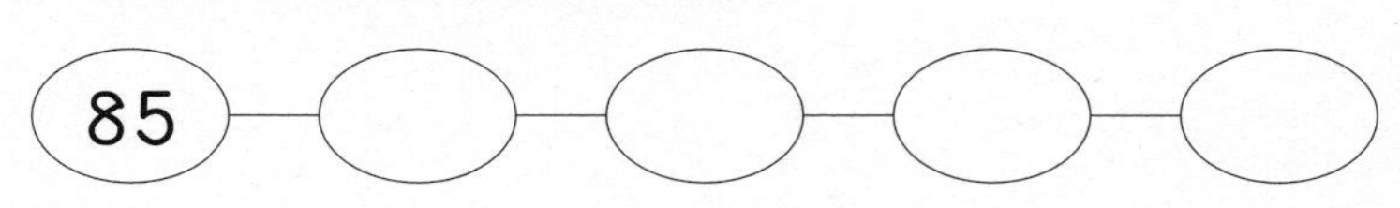


규칙 85부터 시작하여 ______________

______________________

[6단원]

**24** □ 안에 들어갈 수 있는 수는 모두 몇 개일까요? 4점

12−3<□<6+8

(                )

[5단원] 창의·융합

**25** 인경이는 부모님과 함께 낮에 다음과 같이 제주도 여행을 다녔습니다. 다음을 보고 먼저 구경한 곳부터 순서대로 □ 안에 1, 2, 3을 써넣으세요. 4점

제주시 조천 함덕 김녕 애월 한림 우도 세화 성산 한라산 고산 표선 대정 남원 중문 서귀포시

□ 만장굴

□ 성산일출봉

□ 천지연 폭포

[5단원]

**26** 규칙을 찾아 🐰에 알맞은 수를 구하세요. 4점

| 48 | 49 | 50 | 51 | | |
|---|---|---|---|---|---|
| 54 | | | | | 59 |
| | | | 🐰 | | |

( )

[6단원]

**27** 주차장에 자동차가 7대 있었는데 6대 더 들어왔습니다. 잠시 후 8대가 나갔다면 주차장에 남아 있는 자동차는 몇 대일까요? 4점

( )

[4단원] 문제 해결

**28** 같은 모양끼리 이어 목걸이를 만들려고 합니다. ■ 모양과 ● 모양은 각각 몇 개씩 있을까요? 4점

■ 모양 ( )

● 모양 ( )

[6단원] 서술형

**29** 4장의 수 카드 16, 9, 14, 7 중에서 2장을 골라 두 수의 차를 구하려고 합니다. 차가 가장 클 때의 두 수의 차는 얼마인지 풀이 과정을 쓰고 답을 구하세요. 4점

풀이 ______

답 ______

[6단원]

**30** 같은 모양은 같은 수를 나타냅니다. ★이 나타내는 수를 구하세요. 4점

• 11−▲=5
• ▲+9=★

( )

1 회

수학경시대회

# 실전 모의고사

2학기 전체 범위

점수 |

30문항 · 60분 ▶정답은 18쪽

[1단원]

**1** 그림을 보고 □ 안에 알맞은 수를 써넣으세요. 2점

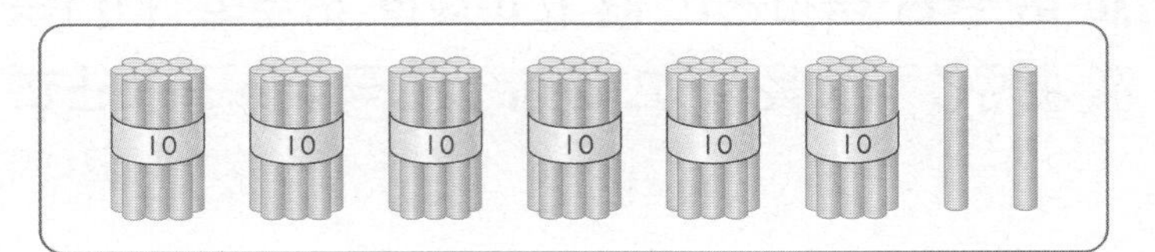


10개씩 묶음 □개와 낱개 □개는 62입니다.

[3단원]

**2** 오른쪽 물건과 같은 모양에 ○표 하세요. 2점

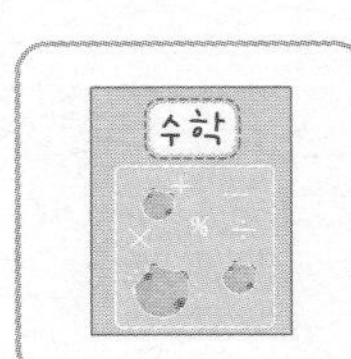


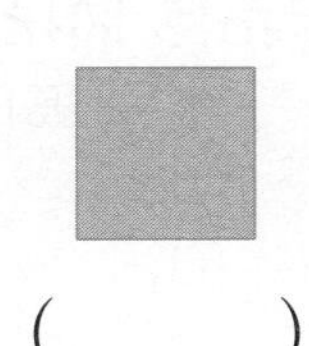 ( )　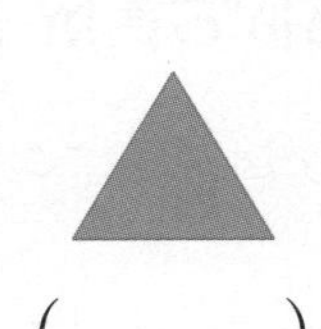 ( )　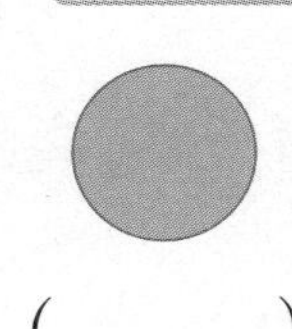 ( )

[5단원]

**3** 수 배열에서 규칙을 쓰세요. 2점

규칙 17부터 시작하여 □씩 커지는 규칙입니다.

[4단원]

**4** 바르게 계산한 사람은 누구일까요? 2점

8−3−1=6
2
6

8−3−1=4
5
4

( )

[2단원]

**5** 빈칸에 두 수의 차를 써넣으세요. 3점

| 59 | 32 |
|---|---|
| | |

[1단원] 융합형

**6** 수민이가 가지고 있는 구슬은 몇 개일까요? 3점

나는 구슬이 10개씩 묶음 7개와 낱개 4개가 있어!

( )

[5단원]

**7** 시각을 시계에 잘못 나타낸 것을 찾아 기호를 쓰세요. 3점

㉠ 6시 30분　　㉡ 1시 30분

( )

[3단원]

**8** 오른쪽 액자 안에는 ■, ▲, ● 모양 중에서 어떤 모양으로 꾸민 것일까요? 3점

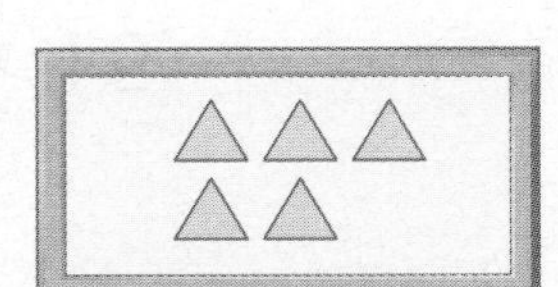

( )

[5단원] 융합형

**9** 규칙에 따라 □와 △를 이용하여 나타내세요. 3점

| □ | △ | □ | □ | △ | □ | □ | △ | □ | | | |
|---|---|---|---|---|---|---|---|---|---|---|---|

[6단원]

**10** 바르게 계산한 것을 찾아 기호를 쓰세요. 3점

㉠ $14-5=6$
㉡ $17-9=8$
㉢ $12-9=4$

(　　　　　)

[6단원]

**11** 빈칸에 알맞은 수를 써넣으세요. 3점

9 → $+7$ → □
9 → $+8$ → □
9 → $+9$ → □

[2단원]

**12** 고구마를 현주는 31개 캤고, 희정이는 25개 캤습니다. 현주와 희정이가 캔 고구마는 모두 몇 개일까요? 3점

식 ____________

답 ____________

[4단원]

**13** 크기를 비교하여 ○ 안에 >, =, <를 알맞게 써넣으세요. 3점

$3+8+2$ ○ $15$

[6단원]

**14** 초콜릿이 15개 있습니다. 그중 8개를 먹었다면 남은 초콜릿은 몇 개일까요? 3점

식 ____________

답 ____________

[1단원]

**15** 더 작은 수를 숫자로 쓰세요. 3점

여든넷　　팔십칠

(　　　　　)

[4단원]

**16** 도넛을 3개의 접시에 담았습니다. 도넛은 모두 몇 개인지 덧셈식을 만들어 구해 보세요. 3점

식 ____________

[2단원]

**17** 합이 74인 두 수를 찾아 쓰세요. 4점

| 12 | 31 | 43 | 52 |
|---|---|---|---|

( )

[3단원]

**18** ■, ▲, ● 모양 중에서 뾰족한 곳이 있고, 국어사전을 본뜬 모양은 어느 것일까요? 4점

( )

[6단원]

**19** 도미노 점의 합이 12가 되는 것을 찾아 기호를 쓰세요. 4점

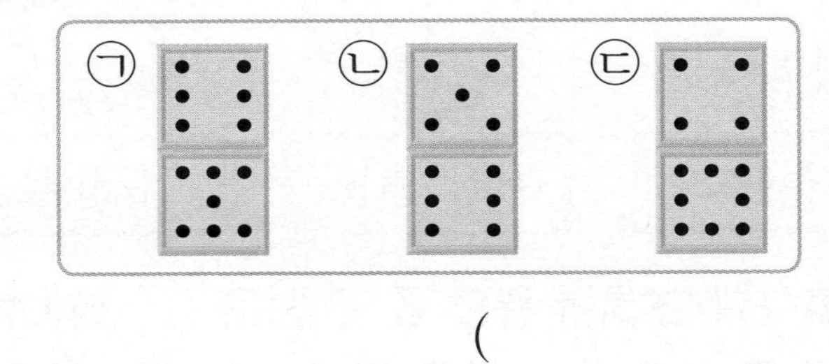

( )

[5단원] 창의·융합

**20** 다음 중 규칙에 따라 □ 안에 들어갈 모양과 같은 모양의 물건은 어느 것일까요? 4점 ( )

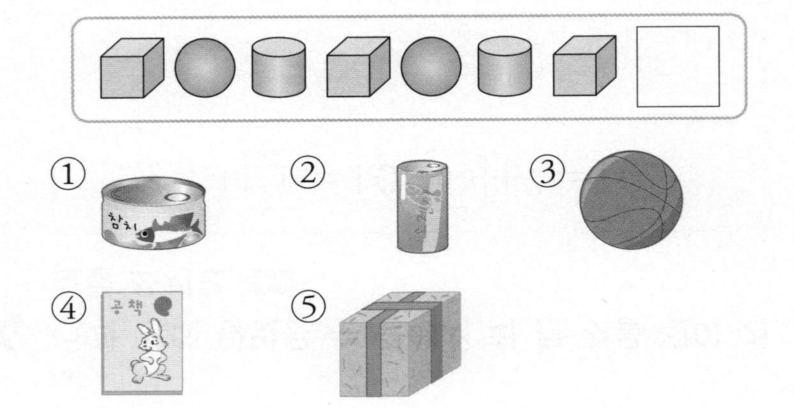


[1단원]

**21** 미영이는 공책을 10권씩 묶음 7개와 낱개로 13권을 가지고 있습니다. 미영이가 가지고 있는 공책은 모두 몇 권일까요? 4점

( )

[3단원] 서술형

**22** 다음은 ■, ▲, ● 모양으로 만든 공장입니다. 가장 많이 이용한 모양은 ■, ▲, ● 모양 중에서 어떤 모양인지 풀이 과정을 쓰고 답을 구하세요. 4점

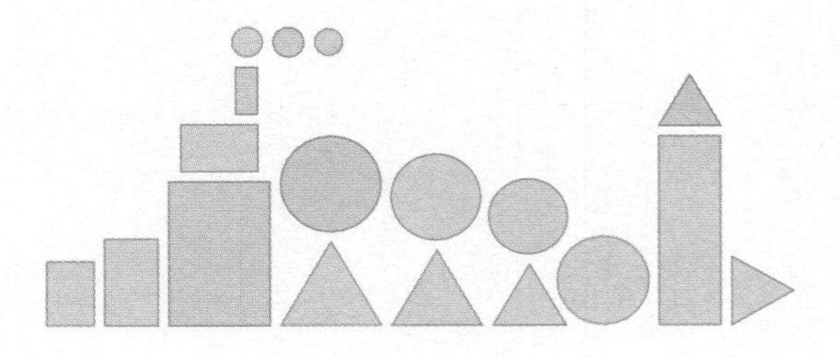

풀이 ____________________

____________________

____________________

답 ____________________

[4단원]

**23** 다음 식을 만족하도록 빈칸에 붙여야 하는 붙임딱지를 찾아 기호를 쓰세요. 4점

5 + □ + 6 = 16

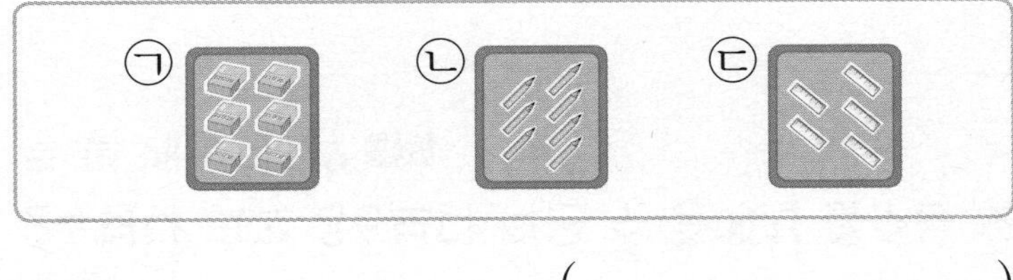

( )

[4단원]

**24** ㉠과 ㉡에 알맞은 수 중에서 더 큰 것을 찾아 기호를 쓰세요. 4점

| $1+$ ㉠ $=10$, ㉡ $+4=10$ |
|---|

(　　　　　　)

[5단원]

**25** 미희가 오늘 저녁에 한 일입니다. 먼저 한 일부터 순서대로 ◯ 안에 1, 2, 3을 써넣으세요. 4점

잠자기　　저녁 식사　　숙제하기

[2단원] 서술형

**26** 진훈이네 반 여학생은 12명이고 남학생은 여학생보다 3명 더 많습니다. 진훈이네 반 학생은 모두 몇 명인지 풀이 과정을 쓰고 답을 구하세요. 4점

풀이 ______________________

______________________

______________________

______________________

답 ____________

[1단원]

**27** 24보다 크고 36보다 작은 수 중에서 홀수는 모두 몇 개일까요? 4점

(　　　　　　)

[6단원]

**28** 그림과 같이 8을 넣으면 17이 나오는 상자가 있습니다. 이 상자에 6을 넣으면 얼마가 나올까요? 4점

8 → + □ → 17

(　　　　　　)

[3단원]

**29** 오른쪽 그림에서 찾을 수 있는 크고 작은 ▲ 모양은 모두 몇 개일까요? 4점

(　　　　　　)

[2단원]

**30** 어떤 수에서 12를 빼야 할 것을 잘못하여 더했더니 47이 되었습니다. 바르게 계산한 값을 구하세요. 4점

(　　　　　　)

# 2회 수학경시대회 실전 모의고사

2학기 전체 범위

점수 |

30문항 · 60분 ▶정답은 20쪽

[5단원]

**1** 시각을 써 보세요. 2점

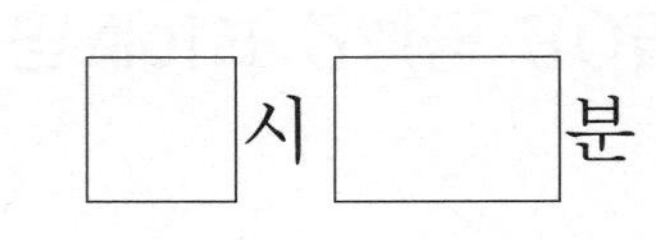

□시 □분

[2단원]

**2** 모형을 보고 뺄셈을 해 보세요. 2점

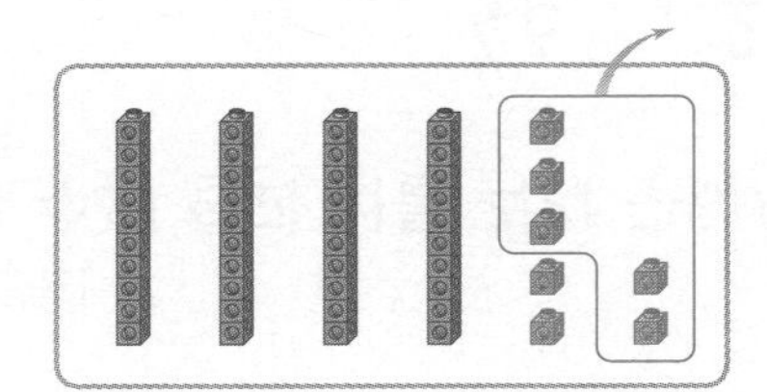

$$\begin{array}{r} 47 \\ -\ \ 5 \\ \hline \square \end{array}$$

[4단원]

**3** 합이 10이 되는 두 수를 먼저 더하고 나머지 수를 더하여 세 수의 합을 구하세요. 2점

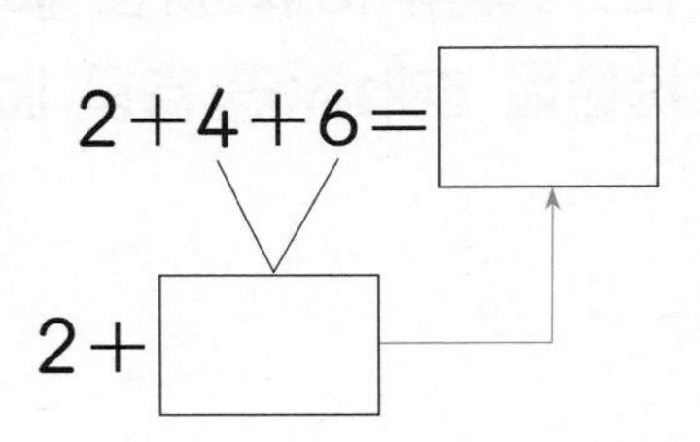

2+4+6=□

2+□

[1단원]

**4** 수를 두 가지 방법으로 읽어 보세요. 2점

68

(　　　　　　), (　　　　　　)

[3단원]

**5** 물고기를 만드는 데 이용하지 않은 모양은 어느 것일까요? 3점 ............ (　　)

① ■ 모양

② ▲ 모양

③ ● 모양

[1단원]

**6** 나타내는 수가 나머지와 다른 하나를 찾아 기호를 쓰세요. 3점

| ㉠ 구십 | ㉡ 아흔 |
|---|---|
| ㉢ 여든 | ㉣ 90 |

(　　　　　　)

[5단원]

**7** 같은 시각끼리 이어 보세요. 3점

9:00

12:00

3:00

[3단원]

**8** 여우 얼굴을 만드는 데 이용한 ■, ▲, ● 모양의 수를 각각 세어 보세요. 3점

| | ■ 모양 | ▲ 모양 | ● 모양 |
|---|---|---|---|
| 수 | | | |

[5단원]

**9** 규칙에 따라 □ 안에 알맞은 악기는 무엇인지 이름을 쓰세요. 3점

리코더
탬버린

(　　　　　　)

[1단원]

**10** 영태는 책을 책꽂이에 번호 순서대로 정리하고 있습니다. 99번 다음에 꽂을 책의 번호는 몇 번일까요? 3점

(　　　　　　)

[2단원]

**11** 두 수의 합과 차를 각각 구하세요. 3점

46　　21

합 (　　　　　　)

차 (　　　　　　)

[2단원]

**12** 단원평가 1회는 25문제이고 2회는 30문제입니다. 단원평가 1회와 2회는 모두 몇 문제일까요? 3점

식 ________________

답 ________________

[5단원]

**13** 규칙에 따라 빈 곳에 알맞은 수를 써넣으세요. 3점

73 – 68 – 63 – 58 – □ – □

[4단원] 창의·융합

**14** 축구 경기에서 몇 골을 넣었는지 나타낸 것입니다. 1반이 넣은 골은 모두 몇 골인지 덧셈식을 쓰세요. 3점

| 1반 | 2반 |
| --- | --- |
| 2 | 1 |

| 1반 | 3반 |
| --- | --- |
| 4 | 3 |

| 1반 | 4반 |
| --- | --- |
| 1 | 1 |

□ + □ + □ = □

[5단원] 서술형

**15** ㉠과 ㉡에 알맞은 수의 합을 구하는 풀이 과정을 쓰고 답을 구하세요. 3점

2시에 시계의 짧은바늘이 ㉠ 을(를) 가리키고, 긴바늘이 ㉡ 을(를) 가리킵니다.

풀이 ________________

답 ________________

[3단원]

**16** 왼쪽은 어떤 물건을 본뜬 그림입니다. 본뜬 물건을 찾아 기호를 쓰세요. 3점

㉠　㉡　㉢

(　　　　　　)

[1단원]

**17** 오른쪽은 지영이가 공원에서 본 안내판입니다. 가장 가까운 곳에 있는 것은 무엇일까요? 4점

(　　　　　　　　　)

[4단원]

**18** 어린이들이 숨바꼭질을 하고 있습니다. 술래인 효림이는 숨어 있는 9명 중 미끄럼틀에서 2명, 교실에서 3명을 찾았습니다. 찾지 못한 어린이는 몇 명일까요? 4점

식 ________________

답 ________________

[3단원]

**19** 오른쪽 물건에 물감을 묻혀 찍기를 할 때 ■, ▲, ● 모양 중에서 나올 수 없는 모양은 어떤 모양일까요? 4점

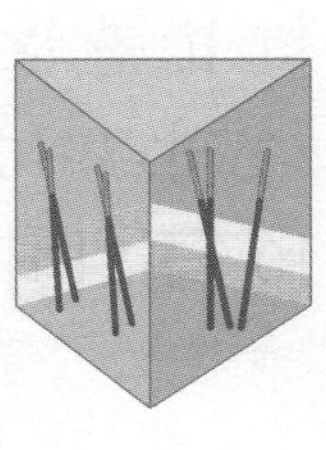

(　　　　　　　　　)

[4단원]

**20** □ 안에 알맞은 수가 같은 것끼리 이어 보세요. 4점

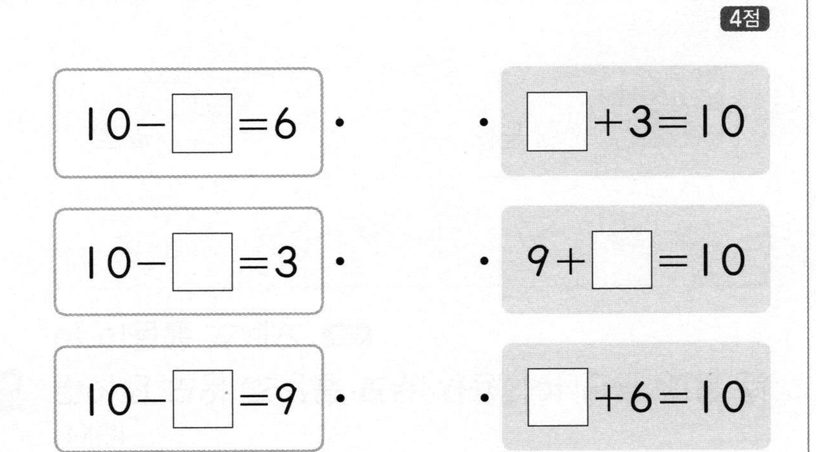


[6단원]

**21** 차가 다른 하나를 찾아 기호를 쓰세요. 4점

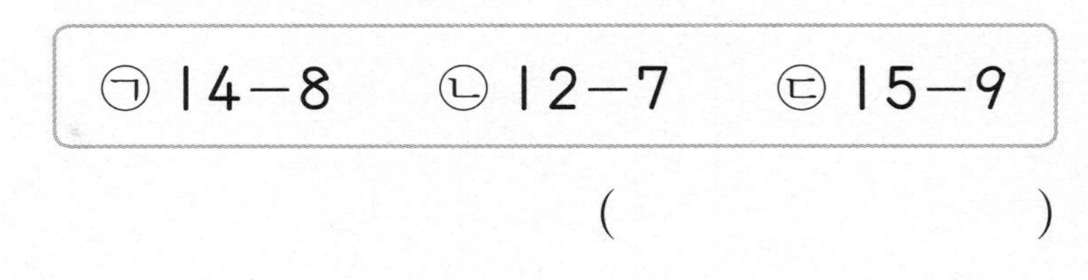


(　　　　　　　　　)

[6단원] 창의·융합

**22** 다음은 음악 시간에 부른 노래의 악보입니다. '솔'과 '레'는 모두 몇 번 나올까요? 4점

(　　　　　　　　　)

[6단원] 추론

**23** 딸기 맛 사탕 6개, 포도 맛 사탕 8개를 상자 한 칸에 한 개씩 담으려고 합니다. 상자에 가득 담고 남은 사탕은 몇 개일까요? 4점

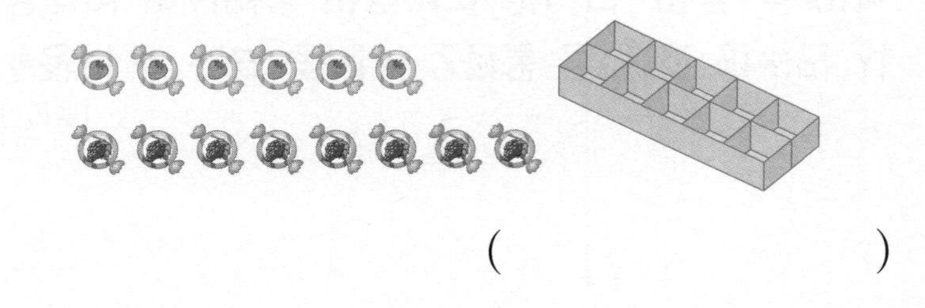

(　　　　　　　　　)

[2단원]

**24** 68에 어떤 수를 더해야 할 것을 잘못하여 뺐더니 35가 되었습니다. 어떤 수는 얼마인지 구하세요. 4점

(　　　　　　　　　)

[3단원]

**25** 주어진 모양 조각을 모두 사용하여 만든 것을 찾아 이름을 쓰세요. 4점

로켓　　　자동차

(　　　　　)

[2단원] 서술형

**26** 민정이 어머니의 나이는 35살이고, 아버지는 어머니보다 4살 더 많습니다. 민정이는 아버지보다 30살 더 적습니다. 민정이는 몇 살인지 풀이 과정을 쓰고 답을 구하세요. 4점

풀이 ______________________

답 ______________

[6단원]

**27** 쿠키 13개 중에서 몇 개를 먹었더니 쿠키가 8개 남았습니다. 먹은 쿠키는 몇 개일까요? 4점

(　　　　　)

[4단원]

**28** 규칙을 찾아 빈 곳에 알맞은 수를 써넣으세요. 4점

| 위 | 가운데 | 왼쪽 아래 | 오른쪽 아래 |
|---|---|---|---|
| 1 | 11 | 2 | 8 |
| 4 | 14 | 7 | 3 |
| 3 | 13 | 9 | 1 |
| 5 |  | 6 | 4 |

[1단원]

**29** 4장의 수 카드 중에서 2장을 뽑아 한 번씩만 사용하여 몇십몇을 만들려고 합니다. 만들 수 있는 수 중에서 짝수는 모두 몇 개일까요? 4점

9　2　5　6

(　　　　　)

[6단원] 문제 해결

**30** 뽑은 두 장의 카드에 적힌 두 수의 합이 더 크면 이기는 놀이를 합니다. 민지가 이기려면 나머지 한 장은 다음 중 어떤 수가 적힌 카드를 뽑아야 할까요? 4점

현우: 4 9　　민지: 7 ?

1　3　6
5　2　8

(　　　　　)

# 3회 수학경시대회 실전 모의고사

2학기 전체 범위

점수 |

30문항 · 60분 ▶정답은 23쪽

[5단원]

**1** 시각을 써 보세요. 2점

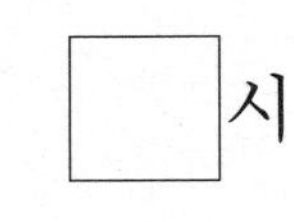


[4단원]

**2** □ 안에 알맞은 수를 써넣으세요. 2점

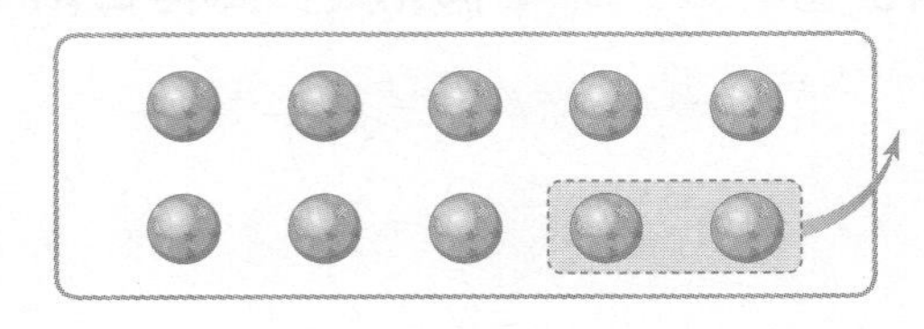

$10-2=$ □

[3단원]

**3** 다음은 ■, ▲, ● 모양 중에서 어떤 모양의 물건을 모아 놓은 것일까요? 2점

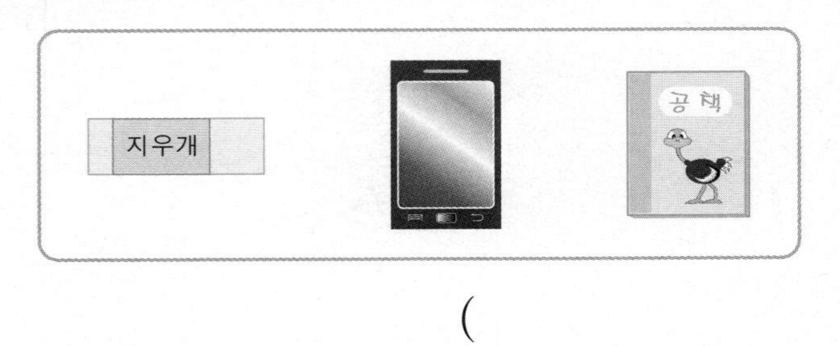


(　　　　　　　)

[6단원]

**4** 빈칸에 알맞은 수를 써넣으세요. 2점

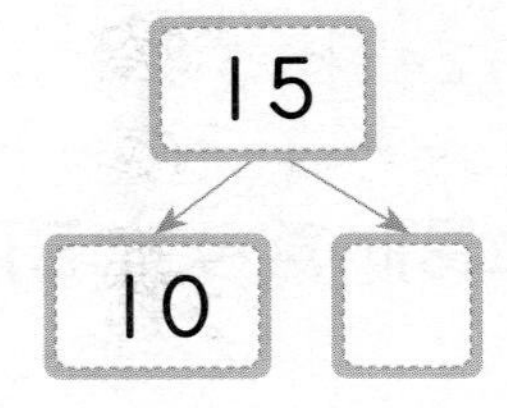


[2단원]

**5** 두 수의 합을 구하세요. 3점

(　　　　　　　)

[5단원]

**6** 주어진 시각을 시계에 나타내세요. 3점

2시 30분

[5단원]

**7** 규칙에 따라 빈칸에 알맞은 수를 써넣으세요. 3점

| 강아지 | 닭 | 강아지 | 닭 | 강아지 | 닭 |
|---|---|---|---|---|---|
| 4 | 2 | 4 |  |  |  |

[1단원]

**8** 나머지와 다른 하나를 찾아 기호를 쓰세요. 3점

㉠ 일흔　　㉡ 아흔
㉢ 70　　㉣ 칠십

(　　　　　　　)

[3단원]

**9** ● 모양의 물건은 모두 몇 개일까요? 3점

문제집

(                    )

[1단원]

**10** 78과 81 사이에 있는 수를 모두 고르세요. 3점 (        )

① 77 ② 79 ③ 80
④ 81 ⑤ 82

[6단원]

**11** 크기를 비교하여 ○ 안에 >, =, <를 알맞게 써넣으세요. 3점

| 7+8 | ○ | 14 |
|---|---|---|

[5단원]

**12** 규칙을 찾아 빈 곳에 알맞은 수를 써넣으세요. 3점

| 46 | | 62 | 70 | 78 | |
|---|---|---|---|---|---|

[4단원] 추론

**13** 바둑돌 10개를 양손에 나누어 쥐었습니다. 오른손에는 바둑돌이 몇 개 있을까요? 3점

(                    )

[2단원]

**14** 어제까지 화단에 꽃이 14송이 피어 있었습니다. 오늘은 3송이가 더 피었습니다. 화단에 피어 있는 꽃은 모두 몇 송이일까요? 3점

식 ______________________

답 ____________

[6단원]

**15** 어린이 13명에게 연필을 한 자루씩 나누어 주려고 합니다. 연필은 9자루 있습니다. 연필은 몇 자루 더 필요할까요? 3점

(                    )

[2단원]

**16** 해법마라톤 대회에 참가한 선수는 모두 몇 명일까요? 3점

해법마라톤 대회에는
남자 선수 47명과
여자 선수 31명이
참가했습니다.

(                    )

[3단원]

**17** 오른쪽은 어떤 물건을 본뜬 그림인지 알맞은 물건을 찾아 기호를 쓰세요. 4점

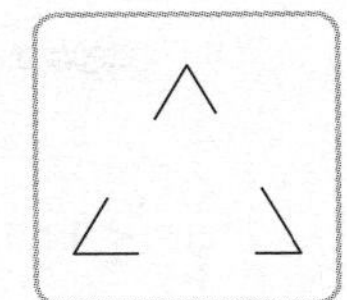

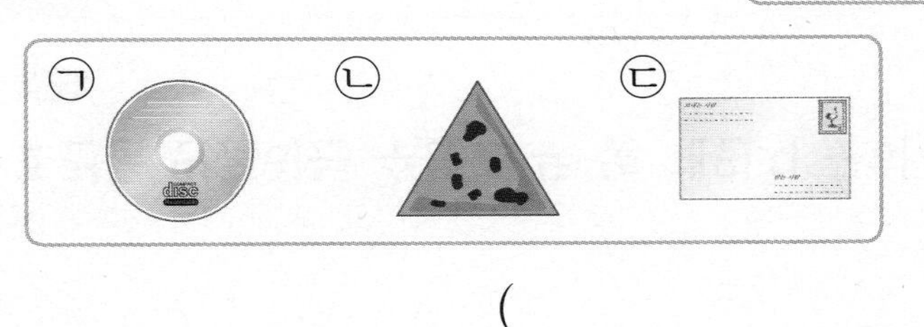


( )

[1단원] 추론

**18** 농장에서 오이를 미라는 47개, 소희는 52개, 준호는 50개 땄습니다. 오이를 가장 많이 딴 사람은 누구일까요? 4점

( )

[3단원]

**19** 영민이는 모양 조각을 이용하여 배를 만들었습니다. ■, ▲, ● 모양 중에서 가장 많이 이용한 모양은 어떤 모양일까요? 4점

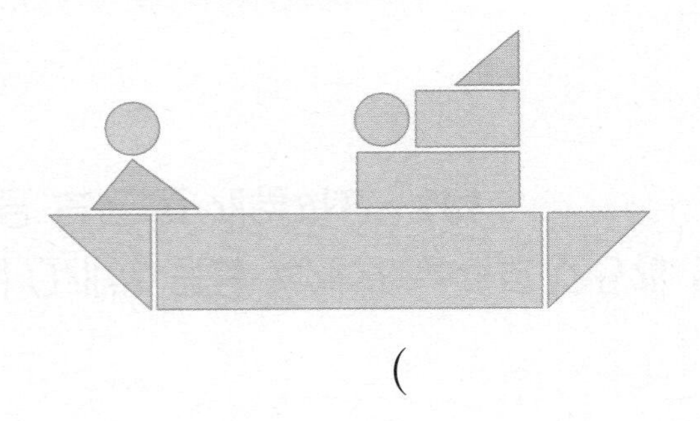

( )

[6단원]

**20** 차가 다른 하나를 찾아 기호를 쓰세요. 4점

㉠ 16−8 ㉡ 14−7 ㉢ 12−4

( )

[4단원] 서술형

**21** 수영이는 수학 시험에서 18번 문제를 다음과 같이 풀어서 틀렸습니다. 틀린 이유를 쓰고 오답 노트에 바르게 풀어 보세요. 4점

| 시험지 | 오답 노트 |
| --- | --- |
| 18. 계산하세요.<br>8−3−2<br>=8−1<br>=7 | |

이유 ______________________

______________________

______________________

______________________

[2단원] 추론

**22** 3장의 수 카드 중에서 2장을 뽑아 차가 35가 되도록 뺄셈식을 만들어 보세요. 4점

□ − □ = 35

[5단원] 추론

**23** 아영이네 모둠 어린이들이 오늘 아침에 일어난 시각을 나타낸 것입니다. 아영이보다 늦게 일어난 어린이는 누구일까요? 4점

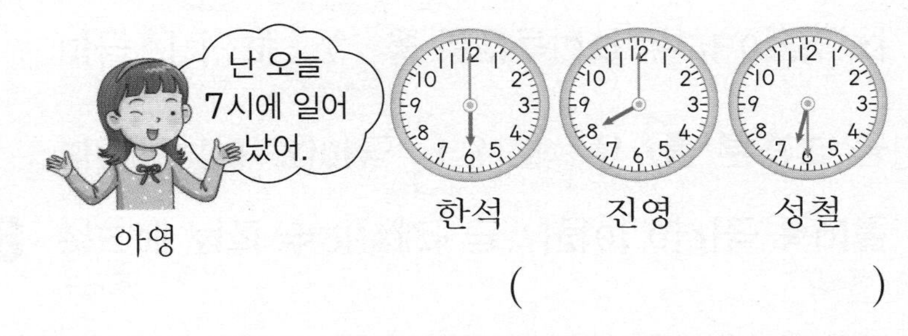


( )

[4단원]

**24** ◆－▲를 구하세요. 4점

2＋◆＝10　　10－6＝▲

(　　　　　　　)

[1단원]

**25** 귤이 10개씩 묶음 4개와 낱개로 25개 있습니다. 귤은 모두 몇 개일까요? 4점

(　　　　　　　)

[2단원] 의사소통

**26** 진석이가 쓴 가족 소개 글입니다. 형의 나이는 몇 살일까요? 4점

우리 가족 소개

우리 가족은 아버지, 어머니, 형, 나입니다.
아버지의 나이는 47살이고, 어머니의 나이는
아버지보다 5살 더 적습니다. 또 형의 나이는
어머니보다 31살 더 적습니다.

(　　　　　　　)

[1단원]

**27** 두 조건을 만족하는 수는 모두 몇 개인지 구하세요. 4점

- 70과 90 사이에 있는 수입니다.
- 짝수입니다.

(　　　　　　　)

[6단원] 서술형

**28** 카드에 적힌 수의 차가 큰 사람이 이기는 놀이를 하였습니다. 지아는 13 과 5 를 골랐고 은미는 11 과 4 를 골랐습니다. 누가 이겼는지 풀이 과정을 쓰고 답을 구하세요. 4점

풀이

답

[3단원]

**29** 그림에서 찾을 수 있는 크고 작은 ■ 모양은 모두 몇 개일까요? 4점

(　　　　　　　)

[4단원] 문제 해결

**30** 준서, 윤재, 수민이가 볼링을 쳤습니다. 수민이가 쓰러뜨린 볼링 핀은 몇 개일까요? (단만, 한 어린이가 볼링 핀 10개를 놓고 볼링을 칩니다.) 4점



(　　　　　　　)

# 4회 수학경시대회 실전 모의고사

2학기 전체 범위

점수 |

30문항 · 60분 ▶정답은 25쪽

[2단원]

**1** 그림을 보고 □ 안에 알맞은 수를 써넣으세요. 2점

$26-4=\square$

[1단원]

**2** 수를 보고 빈칸에 알맞은 수를 써넣으세요. 2점

96

| 10개씩 묶음의 수 | 낱개 |
|---|---|
|  | 6 |

[5단원]

**3** 시각을 바르게 읽은 것을 찾아 기호를 쓰세요. 2점

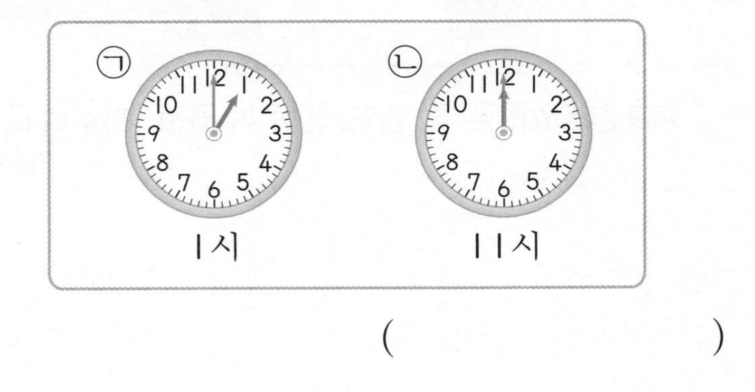


(　　　　　　)

[4단원]

**4** 그림을 보고 모자는 모두 몇 개인지 덧셈식으로 나타내세요. 2점

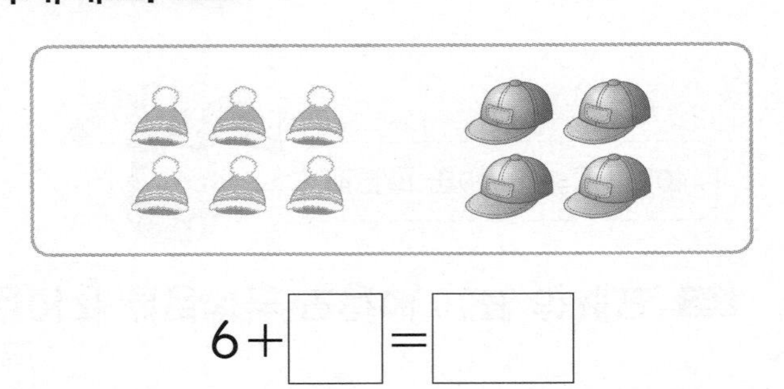

$6+\square=\square$

[3단원]

**5** ▢ 모양의 물건을 모두 고르세요. 3점

(　　　　　　)

④ ⑤

[1단원]

**6** 빈 곳에 알맞은 수를 써넣으세요. 3점

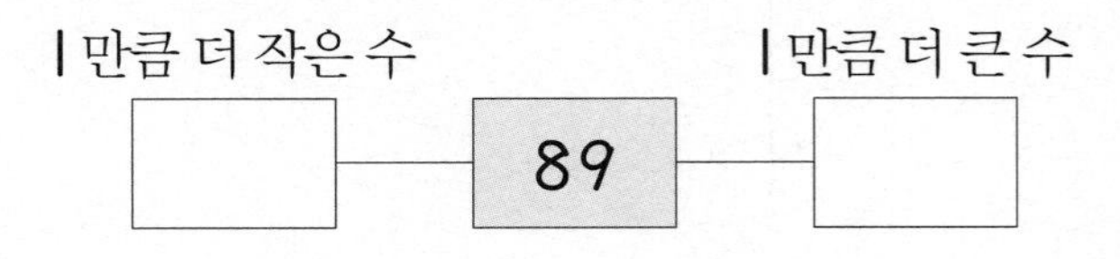


[3단원]

**7** 모양이 다른 하나를 찾아 기호를 쓰세요. 3점

(　　　　　　)

[6단원]

**8** 빈칸에 알맞은 수를 써넣으세요. 3점

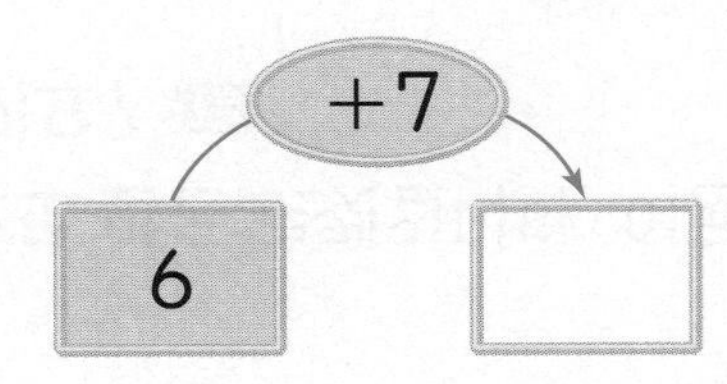

[3단원] 추론

**9** 아영이가 설명하는 모양에 ○표 하세요. 3점

아영: 뾰족한 곳이 모두 3군데야.

( ) ( ) ( )

[6단원]

**10** 빨간색 책과 파란색 책은 모두 몇 권일까요? 3점

( )

[4단원]

**11** 물고기 10마리가 있는 어항에서 물고기 7마리를 꺼냈습니다. 어항에 남은 물고기는 몇 마리일까요? 3점

( )

[2단원]

**12** 큰 수에서 작은 수를 뺀 값을 구하세요. 3점

12 36

( )

[3단원]

**13** 모양 조각으로 만든 로켓입니다. 이용한 ● 모양은 몇 개일까요? 3점

( )

[1단원] 의사소통

**14** 은행에 더 먼저 온 사람은 누구일까요? 3점

윤재: 난 번호표의 수가 87이야. 넌?

수민: 난 91이야.

( )

[5단원]

**15** 다음은 소영이가 일요일 낮에 한 일을 나타낸 것입니다. 소영이가 2시 30분에 한 일은 무엇일까요? 3점

공부하기 운동하기 TV 보기

( )

[4단원] 문제 해결

**16** 밑줄 친 두 수의 합이 10이 되도록 ○ 안에 알맞은 수를 써넣고 식을 완성하세요. 3점

$5+3+\bigcirc=\square$

[5단원]

**17** 규칙에 따라 ♥에 알맞은 수를 구하세요. 4점

| 10 | 11 | 12 | 13 | 14 | 15 |
|---|---|---|---|---|---|
| 16 |  | 18 |  |  |  |
|  |  |  |  | ♥ |  |

( )

[4단원]

**18** 윤아는 연필 3자루를 가지고 있었습니다. 친구에게 4자루를 받고 언니에게 6자루를 받았습니다. 지금 윤아가 가지고 있는 연필은 모두 몇 자루일까요? 4점

식 ______________________

답 ______________

[6단원]

**19** 계산 결과가 큰 것부터 차례로 기호를 쓰세요. 4점

㉠ 11－4　㉡ 17－9　㉢ 15－6

( )

[2단원]

**20** □ 안에 알맞은 숫자를 써넣으세요. 4점

$$\begin{array}{r} 9\,\square \\ -\,\square\,4 \\ \hline 5\,3 \end{array}$$

[2단원]

**21** 1부터 9까지의 수 중에서 □ 안에 들어갈 수 있는 수를 모두 쓰세요. 4점

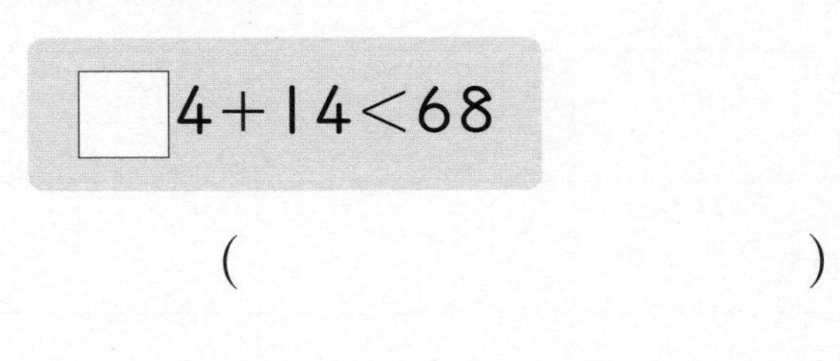


( )

[5단원] 융합형

**22** 재희는 거울에 비친 시계를 보았더니 오른쪽과 같았습니다. 시계는 몇 시 몇 분을 나타내고 있을까요? 4점

( )

[6단원]

**23** 성진이는 동화책을 9권 가지고 있었습니다. 친구에게 몇 권을 더 받았더니 모두 14권이 되었습니다. 친구에게 받은 동화책은 몇 권인지 구하세요. 4점

( )

[1단원]

**24** 62보다 크고 76보다 작은 짝수는 모두 몇 개일까요? 4점

( )

[6단원]

**25** 종이학을 은영이는 11개 접었고, 예지는 은영이보다 4개 더 적게 접었습니다. 예지가 종이학을 8개 더 접는다면 예지가 접은 종이학은 모두 몇 개가 될까요? 4점

(　　　　　　)

[3단원]

**26** 색종이를 그림과 같이 접은 후 펼쳐서 접은 선을 따라 모두 잘랐습니다. ■, ▲, ● 모양 중에서 어떤 모양이 몇 개 나오는지 차례로 쓰세요. 4점

(　　　　　　), (　　　　　　)

[4단원] 서술형

**27** 같은 모양은 같은 수를 나타냅니다. ☆에 알맞은 수는 얼마인지 풀이 과정을 쓰고 답을 구하세요. 4점

- ●+●+●=9
- 10−●=☆

풀이

답

[5단원]

**28** 규칙에 따라 바둑돌을 15개 늘어놓았습니다. 검은색 바둑돌은 몇 개 놓이는지 구하세요. 4점

● ○ ● ● ○ ● ● ○ ● ……

(　　　　　　)

[2단원]

**29** 4장의 수 카드를 한 번씩만 사용하여 몇십몇을 2개 만들려고 합니다. 만든 두 수의 차가 가장 클 때 그 차를 구하세요. 4점

| 3 | 1 | 5 | 8 |
|---|---|---|---|

(　　　　　　)

[1단원] 서술형

**30** 지우가 생각한 수에 대해 설명한 것입니다. 이 수는 얼마인지 풀이 과정을 쓰고 답을 구하세요. 4점

- 내가 생각한 수는 몇십몇이야.
- 10개씩 묶음의 수는 낱개의 수보다 1만큼 더 큰 수야.
- 10개씩 묶음의 수와 낱개의 수를 더하면 7이야.

풀이

답

점수 |

30문항 • 60분 ▶ 정답은 28쪽

[4단원]

**1** 그림을 보고 □ 안에 알맞은 수를 써넣으세요. 2점

$2+1+\square=\square$

[5단원]

**2** 규칙에 따라 빈칸을 색칠해 보세요. 2점

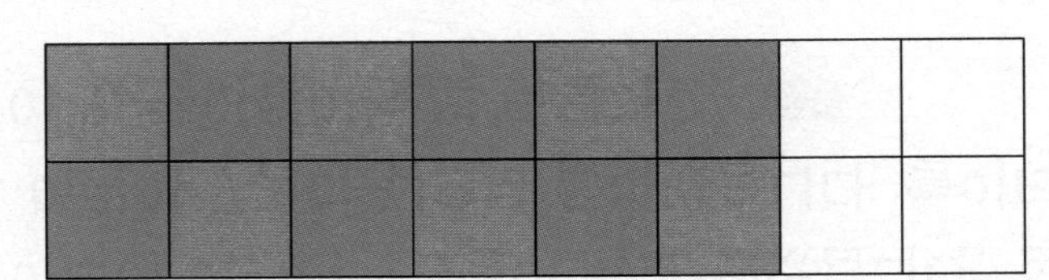

[5단원]

**3** 준서가 일어난 시각을 오른쪽 시계에 나타내세요. 2점

[3단원]

**4** □ 모양의 물건은 모두 몇 개일까요? 2점

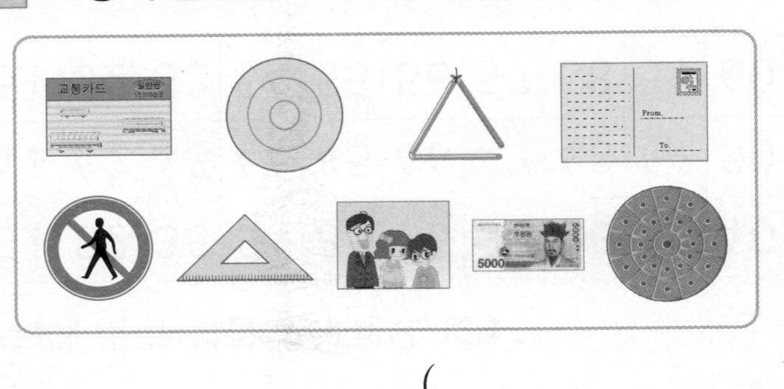

(　　　　　　　)

[2단원]

**5** 두 수의 합과 차를 빈 곳에 써넣으세요. 3점

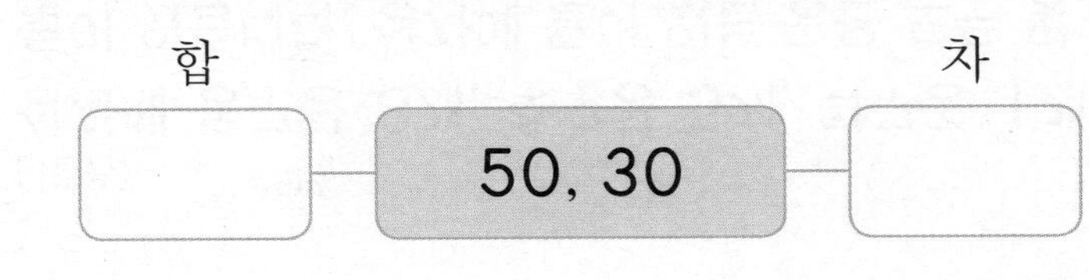


[1단원]

**6** 수의 순서에 따라 ㉠에 알맞은 수를 구하세요. 3점

(　　　　　　　)

[6단원]

**7** 잘못 계산한 것을 찾아 기호를 쓰세요. 3점

(　　　　　　　)

[3단원] 추론

**8** 두 사람이 말하는 모양은 □, △, ○ 모양 중에서 어떤 모양일까요? 3점

연아: 주사위를 대고 본뜨면 나오는 모양이야.
준수: 이 모양은 뾰족한 곳이 4군데야.

(　　　　　　　)

[5단원] 추론

**9** 규칙에 따라 색칠해 보세요. 3점

| 31 | 32 | 33 | 34 | 35 | 36 | 37 | 38 | 39 | 40 |
|---|---|---|---|---|---|---|---|---|---|
| 41 | 42 | 43 | 44 | 45 | 46 | 47 | 48 | 49 | 50 |
| 51 | 52 | 53 | 54 | 55 | 56 | 57 | 58 | 59 | 60 |

[1단원]

**10** 모두 몇 개인지 세어 보세요. 3점

(　　　　　　　　)

[6단원]

**11** 놀이터에 어린이 16명이 놀고 있었습니다. 잠시 후 어린이 7명이 집으로 돌아갔습니다. 놀이터에 남아 있는 어린이는 몇 명일까요? 3점

식 ____________________

답 ____________

[4단원]

**12** ▮보기▮와 같이 계산하여 빈 곳에 알맞은 수를 써넣으세요. 3점

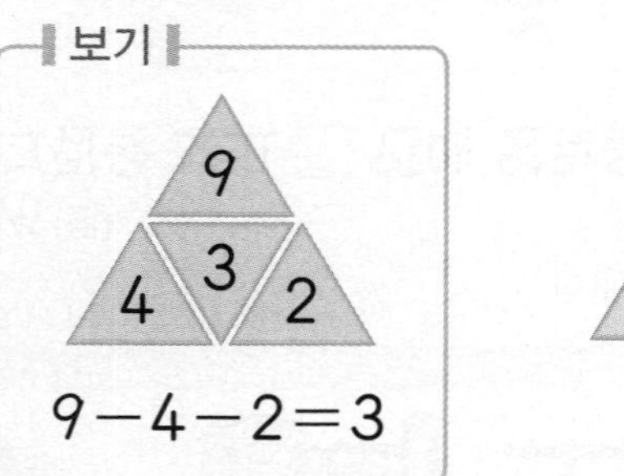


7, 1, 3

[5단원]

**13** 상민이가 저녁에 한 일을 나타낸 것입니다. 더 먼저 한 일은 무엇일까요? 3점

저녁 식사　　숙제하기

(　　　　　　　　)

[4단원]

**14** 사탕을 더 많이 가지고 있는 사람은 누구일까요? 3점

수민: 난 사탕 10개 중에서 3개를 먹었어.

윤재: 난 사탕 8개를 가지고 있어.

(　　　　　　　　)

[6단원]

**15** □ 안에 알맞은 수를 구하세요. 3점

$8+\square=14$

(　　　　　　　　)

[4단원]

**16** 상자에 농구공 3개, 축구공 5개, 탁구공 1개가 들어 있습니다. 상자에 들어 있는 공은 모두 몇 개일까요? 3점

식 ____________________

답 ____________

[1단원]

**17** □ 안에 알맞은 수를 써넣고 ○ 안에 >, <를 알맞게 써넣으세요. 4점

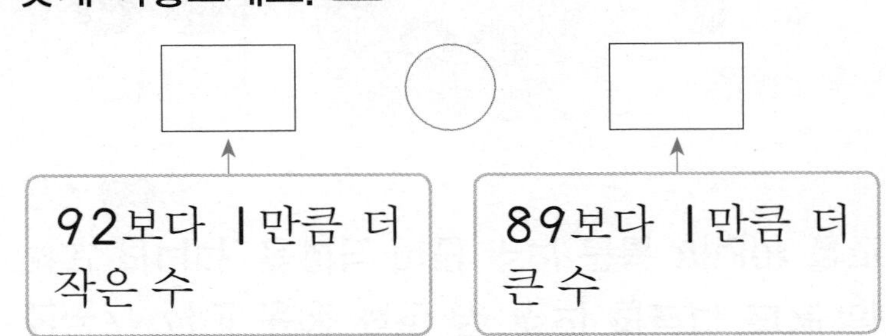


[3단원]

**18** 다음 모양을 만드는 데 본뜬 모양이 오른쪽과 같은 모양을 몇 개 이용하였을까요? 4점

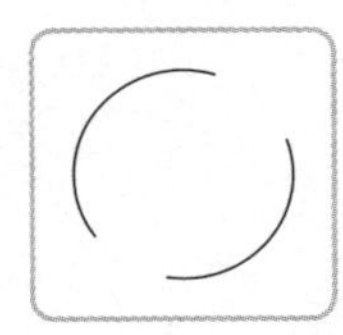

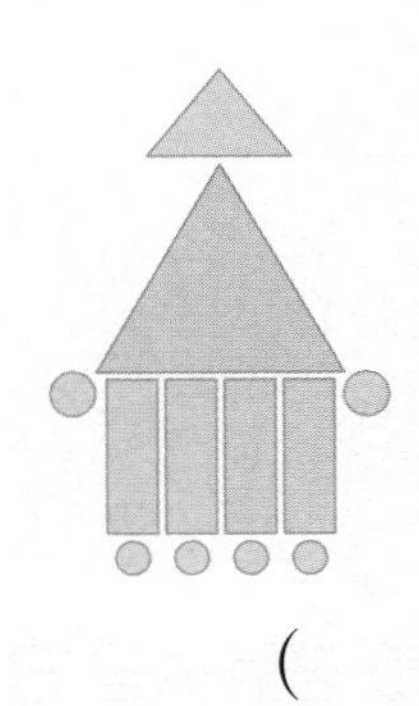

(　　　　　　　　　　)

[2단원] 창의·융합

**19** 같은 모양에 적힌 수의 합을 구해 보세요. 4점

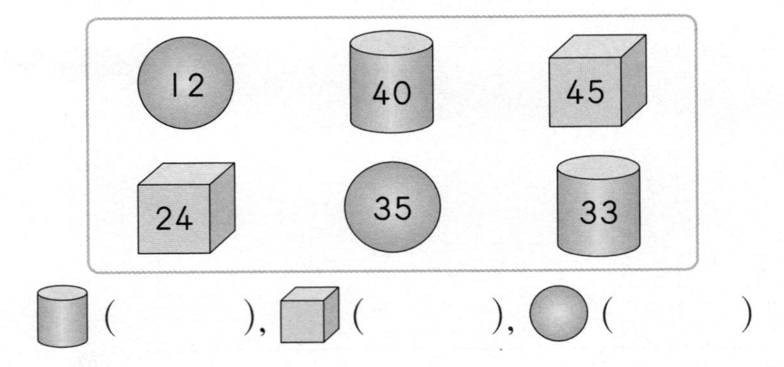


(　　　　), (　　　　), (　　　　)

[1단원]

**20** 유리와 준석이가 가지고 있는 2장의 수 카드를 각각 한 번씩만 사용하여 몇십몇을 만들려고 합니다. 더 큰 수를 만들 수 있는 어린이는 누구일까요? 4점

| 유리 | 준석 |
|---|---|
| 1, 6 | 4, 5 |

(　　　　　　　　　　)

[5단원] 추론

**21** 규칙에 따라 빈칸에 들어갈 펼친 손가락은 모두 몇 개일까요? 4점

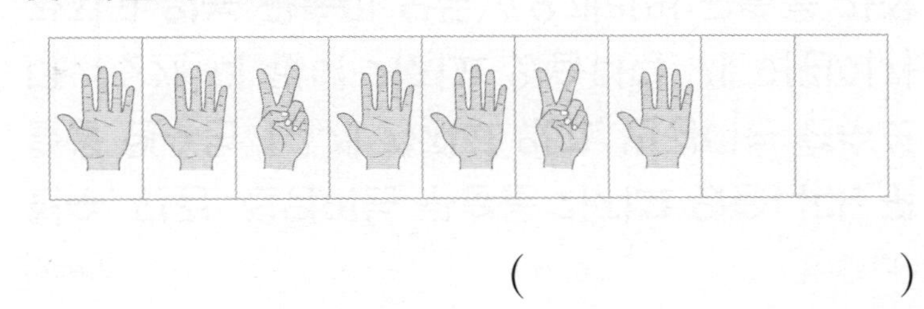

(　　　　　　　　　　)

[3단원] 서술형

**22** 모양 조각으로 기차와 나무를 만들었습니다. 기차와 나무를 모두 만드는 데 가장 많이 이용한 모양은 가장 적게 이용한 모양보다 몇 개 더 많은지 풀이 과정을 쓰고 답을 구하세요. 4점

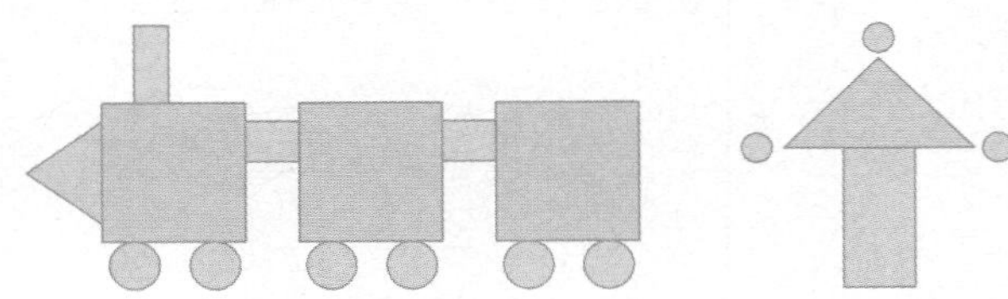

풀이 ______________________

답 ______________________

[6단원] 문제 해결

**23** ☺이 있는 칸에 들어갈 수와 합이 같은 덧셈식 2개를 다음에서 찾아 쓰세요. 4점

| 7+6<br>13 | 7+7<br>14 | 7+8<br>15 |
|---|---|---|
| 8+6<br>14 | ☺ | 8+8<br>16 |
| 9+6<br>15 | 9+7<br>16 | 9+8<br>17 |

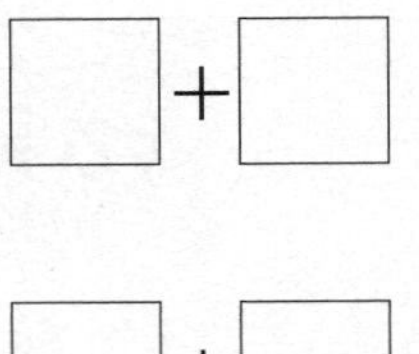

[2단원] 서술형

**24** 1반은 남학생이 22명, 여학생이 15명이고, 2반은 남학생이 17명, 여학생이 21명입니다. 어느 반의 전체 학생 수가 몇 명 더 많은지 풀이 과정을 쓰고 답을 구하세요. 4점

풀이 ______

답 ______, ______

[4단원]

**25** 민주, 수희, 진수는 어제 동화책을 읽었습니다. 민주는 진수보다 7쪽 더 많게, 수희는 민주보다 4쪽 더 적게 읽었습니다. 진수가 동화책을 3쪽 읽었다면 수희가 읽은 동화책은 몇 쪽일까요? 4점

(　　　　　)

[6단원] 추론

**26** 공을 2개 꺼내어 공에 적힌 두 수의 합을 구하려고 합니다. 승희가 꺼낸 공에 적힌 두 수의 합이 진우가 꺼낸 공에 적힌 두 수의 합보다 크게 하려고 합니다. 승희는 어떤 수의 공을 꺼내야 할까요? 4점

진우: 2, 9

주머니: 1, 7, 3, 6, 5, 8

승희: 4, ?

(　　　　　)

[2단원]

**27** □ 안에 들어갈 수 있는 수 중에서 가장 큰 수를 구하세요. 4점

$97-\square>31+24$

(　　　　　)

[1단원]

**28** 화살표를 다음과 같이 약속했습니다. □ 안에 알맞은 수를 써넣으세요. 4점

➡ 1만큼 더 큰 수　⬆ 10만큼 더 큰 수
⬅ 1만큼 더 작은 수　⬇ 10만큼 더 작은 수

59 ⬆ □ ➡ □ ➡ □ ⬇ □

[3단원] 추론

**29** 오른쪽 그림에서 찾을 수 있는 크고 작은 △ 모양은 모두 몇 개일까요? 4점

(　　　　　)

[2단원] 문제 해결

**30** 현수, 민경, 진영이는 구슬을 가지고 있습니다. 구슬을 현수는 11개 가지고 있고, 민경이는 현수보다 12개 더 많이 가지고 있습니다. 세 어린이가 가지고 있는 구슬이 모두 49개라면 구슬을 가장 많이 가지고 있는 어린이는 누구일까요? 4점

(　　　　　)

# 심화 모의고사

2학기 전체 범위

점수 |

30문항 · 60분 ▶정답은 30쪽

[3단원]

**1** 뾰족한 곳이 없는 모양을 찾아 기호를 쓰세요. 2점

( )

[2단원]

**2** 빈칸에 알맞은 수를 써넣으세요. 2점

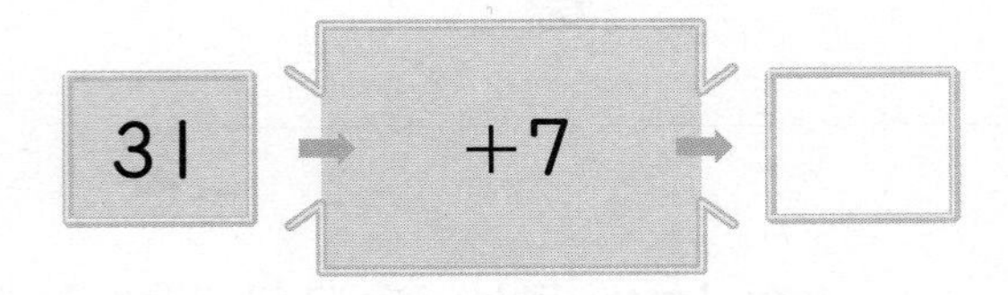


[1단원]

**3** 수를 두 가지 방법으로 읽은 것입니다. 바르게 읽은 것은 무엇일까요? 2점 ( )

① 56 ➔ 오육, 다섯여섯
② 95 ➔ 구십다섯, 아흔오
③ 62 ➔ 육십이, 예순둘
④ 74 ➔ 일흔사, 일흔넷
⑤ 83 ➔ 팔십삼, 팔십셋

[3단원]

**4** ◯, △, □ 모양을 찍기 위해 필요한 물건을 찾아 이어 보세요. 2점

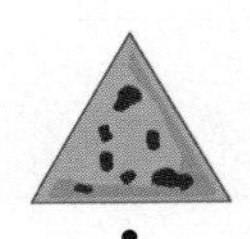

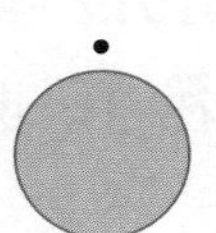
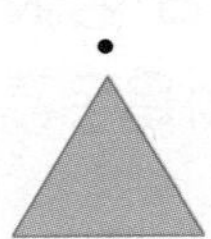
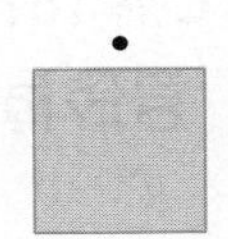

[5단원]

**5** 나타내는 시각이 나머지와 다른 하나를 찾아 기호를 쓰세요. 3점

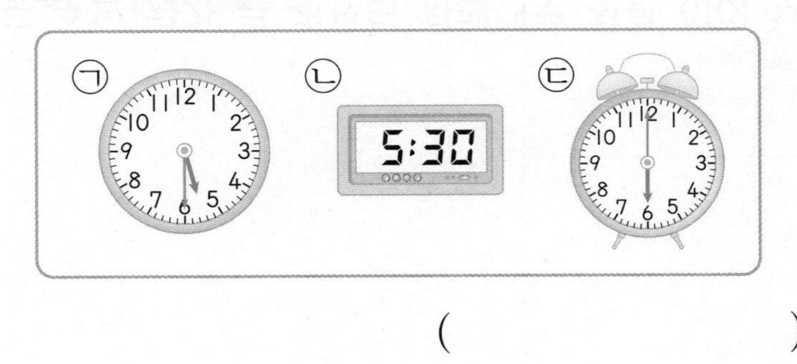


( )

[4단원]

**6** 크기를 비교하여 ○ 안에 >, =, <를 알맞게 써넣으세요. 3점

$5+3+7$ ○ $10$

[1단원] 의사소통

**7** 세 사람 중에서 100에 대한 설명이 틀린 사람은 누구일까요? 3점

( )

[6단원]

**8** 10을 이용하여 모으기와 가르기를 하려고 합니다. 빈 곳에 알맞은 수를 써넣으세요. 3점

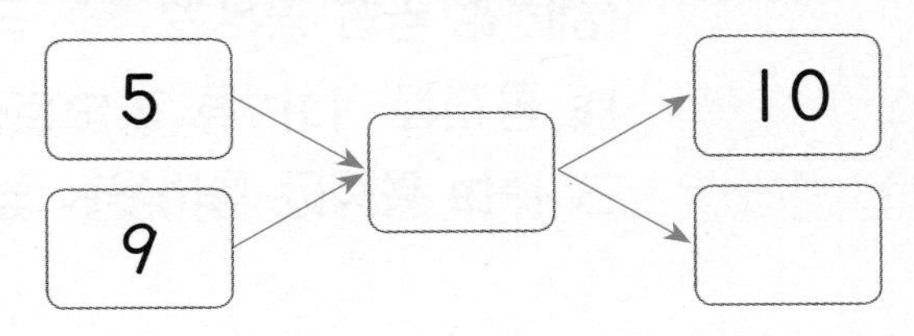

[2단원]

**9** 진이네 반 남학생은 23명이고, 여학생은 22명입니다. 진이네 반 학생은 모두 몇 명일까요? 3점

식 ______________________

답 ______________

[1단원] 추론

**10** 빨간 공을 한 상자에 10개씩 담을 수 있는 상자에 담으려고 합니다. 빨간 공을 모두 담으려면 상자는 몇 개 필요할까요? 3점

( )

[4단원]

**11** 귤 9개 중에서 내가 4개, 동생이 3개 먹었습니다. 남아 있는 귤은 몇 개일까요? 3점

식 ______________________

답 ______________

[5단원] 창의·융합

**12** 혜선이가 도서관에 도착하여 좌석 대기표를 뽑을 때 시계를 보니 오른쪽과 같았습니다. 혜선이의 대기 번호는 몇 번일까요? 3점

| 좌석 대기표 | 좌석 대기표 |
|---|---|
| *순서가 되면 스캐너함에 대 주세요. | *순서가 되면 스캐너함에 대 주세요. |
| 대기 번호: 74번 | 대기 번호: 89번 |
| 1시 30분 | 2시 30분 |
| *2분 이내에 좌석 배정을 받지 않으면 대기 번호가 취소됩니다. | *2분 이내에 좌석 배정을 받지 않으면 대기 번호가 취소됩니다. |
| 천재 도서관 | 천재 도서관 |

( )

[3단원]

**13** 오른쪽 색종이를 점선을 따라 모두 자르려고 합니다. 잘랐을 때 나오는 ▲ 모양은 모두 몇 개일까요? 3점

( )

[4단원] 추론

**14** 더해서 10이 되는 두 수를 모두 찾아 ⬭표 하고, 덧셈식을 써 보세요. 3점

| 5 | 6 | 4 | 3 |
|---|---|---|---|
| 1 | 5 | 8 | 7 |

5+5=10,

[2단원]

**15** 선생님께서 동화책 46권을 학생들에게 한 권씩 나누어 주었습니다. 학생들이 모두 24명이라면 남은 동화책은 몇 권일까요? 3점

식 ______________________

답 ______________

[6단원] 창의·융합

**16** 두 수의 차가 큰 것부터 차례대로 점을 이어 보세요. 3점

출발 → 16−8   11−6   14−8   13−9   12−5

[2단원]

**17** □ 안에 알맞은 수를 구하세요. 4점

$57-\square=23$

( )

[3단원]

**18** ■, ▲, ● 모양을 이용하여 기차를 만들었습니다. 가장 많이 이용한 모양은 어떤 모양일까요? 4점

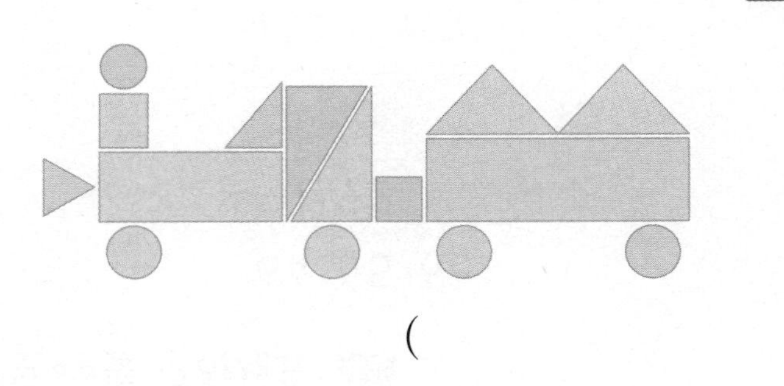

( )

[6단원]

**19** 주어진 수 중에서 두 수를 사용하여 뺄셈식을 만들려고 합니다. 차가 가장 큰 뺄셈식의 차는 얼마일까요? 4점

6　13　7　15

( )

[5단원] 추론

**20** 색칠된 것을 보고 규칙에 맞도록 아래 그림의 빈칸에 □, △, ○를 알맞게 그려 보세요. 4점

| □ | ○ | △ | | | | |
|---|---|---|---|---|---|---|
| ○ | | | | | | |

[6단원] 서술형

**21** 종현이와 민성이가 고리 던지기 놀이를 하여 다음과 같이 점수를 얻었습니다. 얻은 점수의 합이 더 높은 사람은 누구인지 풀이 과정을 쓰고 답을 구하세요. 4점

• 종현: 9점, 5점　• 민성: 7점, 8점

풀이

답

[1단원]

**22** 세 사람이 줄넘기한 횟수를 나타낸 것입니다. 줄넘기를 가장 많이 한 사람은 누구일까요? 4점

| 이름 | 영찬 | 선미 | 주영 |
|---|---|---|---|
| 횟수(번) | 8□ | 59 | 6△ |

( )

[3단원] 창의·융합

**23** 여러 나라의 국기를 나타낸 것입니다. ■ 모양과 ▲ 모양을 모두 찾을 수 있는 국기는 모두 몇 개인지 구하세요. 4점

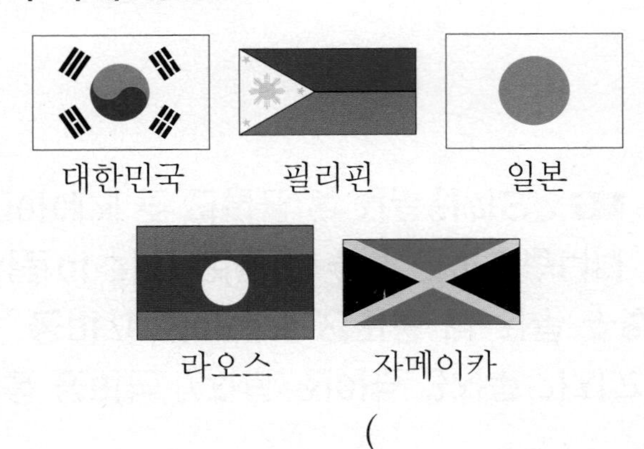


( )

[2단원]

**24** 마주 보는 두 수의 합이 서로 같습니다. ㉠에 알맞은 수를 구하세요. 4점

㉠, 42, 37, 22

(　　　　　　)

[5단원]

**25** 형준이네 가족이 저녁에 집에 들어온 시각입니다. 가장 늦게 들어온 사람은 누구일까요? 4점

아버지　어머니　형준

(　　　　　　)

[5단원]

**26** 그림은 찢어진 수 배열표의 일부분입니다. ㉠에 알맞은 수를 구하세요. 4점

| 64 | 65 | 66 |
|---|---|---|
| 71 | 72 | |
| | ㉠ | |

(　　　　　　)

[4단원]

**27** ○, △, □ 안에 있는 수들의 합이 각각 10이 되도록 □ 안에 알맞은 수를 써넣으세요. 4점

9　1　2

[4단원] 추론

**28** 연필을 윤미는 7자루, 진아는 3자루 가지고 있습니다. 윤미가 진아에게 연필을 몇 자루 주었더니 두 사람이 가진 연필의 수가 같아졌습니다. 윤미가 진아에게 준 연필은 몇 자루일까요? 4점

(　　　　　　)

[1단원]

**29** 5장의 수 카드 중에서 2장을 뽑아 한 번씩만 사용하여 몇십몇을 만들려고 합니다. 만들 수 있는 수 중에서 57보다 크고 83보다 작은 수는 모두 몇 개일까요? 4점

5　8　2　7　3

(　　　　　　)

[6단원] 서술형

**30** 같은 모양은 같은 수를 나타냅니다. ★이 나타내는 수는 얼마인지 풀이 과정을 쓰고 답을 구하세요. 4점

- 13－♥＝7
- ♥＋9＝▲
- ▲－8＝★

풀이

답

# 정답 및 풀이

## 1회 대표유형·기출문제 4~6쪽

대표유형 ❶ 8, 9, 89 / 89

대표유형 ❷ 94, 95, 95 / 95

대표유형 ❸ 5, $<$, 54 / 54

1 60

2 8, 78

3 육십삼에 ◯표

4 69, 70, 72

5 24에 ◯표

6 6, 4 / 64, 예순넷 또는 육십사

7 1, 10

8 ㉠

55

9 ㉡

10 75, 77

11 $<$

12 재하

13 90냥

14 86개

15 지우개

16 72

17 85

18 해주

19 7, 8, 9

20 78

**풀이**

1 10개씩 묶음이 6개이므로 60입니다.

2 10개씩 묶음 7개: 70  
　낱개 8개: 8 ➔ 78

3 63은 육십삼 또는 예순셋이라고 읽습니다.

> **주의**
> 육십셋이나 예순삼으로 읽지 않도록 주의합니다.

4 67부터 수를 순서대로 씁니다.  
➔ 67 − 68 − 69 − 70 − 71 − 72

5 2, 4, 6, 8, 0으로 끝나는 수를 찾아 ◯표 합니다.

> **참고**
> 짝수: 2, 4, 6, 8, 10과 같이 둘씩 짝을 지을 수 있는 수

6 10개씩 묶음 6개와 낱개 4개는 64입니다.

7 99보다 1만큼 더 큰 수는 100입니다. 100은 90보다 10만큼 더 큰 수입니다.

8 별 모양을 10개씩 세어 묶으면 10개씩 묶음이 5개가 되고 낱개 5개가 남으므로 모두 55개입니다.

9 ㉠ 오십 ➔ 50  
㉡ 팔십 ➔ 80  
㉢ 일흔 ➔ 70  
㉣ 아흔 ➔ 90

10 76보다 1만큼 더 작은 수는 바로 앞의 수이므로 75이고, 76보다 1만큼 더 큰 수는 바로 뒤의 수이므로 77입니다.

11 10개씩 묶음의 수가 같으므로 낱개의 수를 비교합니다.  
➔ $92<97$  
　$2<7$

> **참고**
> 두 수의 크기 비교
> ① 10개씩 묶음의 수를 비교합니다. 10개씩 묶음의 수가 큰 쪽이 더 큰 수입니다.
> ② 10개씩 묶음의 수가 같으면 낱개의 수를 비교합니다.

12 1, 3, 5, 7, 9로 끝나는 수는 홀수입니다.  
➔ 27: 홀수, 12: 짝수

13 엽전 9꾸러미는 10냥씩 묶음 9개이므로 90냥입니다.

**14** 10개씩 묶음 8개와 낱개 6개는 86이므로 바나나는 모두 86개입니다.

**15** 83>69이므로 상자에 지우개가 더 많이 들어 있습니다.
(8>6)

참고
10개씩 묶음의 수가 큰 쪽이 더 큰 수입니다.

**16** 낱개 22개는 10개씩 묶음 2개, 낱개 2개와 같습니다.
나타내는 수는 10개씩 묶음 5+2=7(개), 낱개 2개와 같으므로 72입니다.

참고
낱개의 수가 10보다 크면 10개씩 묶음 ■개, 낱개 ▲개로 바꾸어 생각합니다.

**17** 91 − 90 − 89 − 88 − 87 − 86 − 85이므로 ㉠에 알맞은 수는 85입니다.

**18** 가지고 있는 구슬의 개수를 모두 수로 나타내면 민수: 60, 해주: 68, 정우: 65입니다. 10개씩 묶음의 수가 모두 같으므로 낱개의 수를 비교하면
8>5>0입니다.
➜ 구슬을 가장 많이 가지고 있는 어린이는 해주입니다.

**19** 낱개의 수를 비교하면 6<9이므로 □ 안에는 7과 같거나 7보다 큰 수가 들어가야 합니다.
➜ 7, 8, 9

**20** 76보다 크면서 10개씩 묶음이 7개인 수는 77, 78, 79입니다. 이 중에서 짝수는 78입니다.

주의
77, 78, 79 중에서 2, 4, 6, 8, 0으로 끝나는 수가 짝수입니다.

## 2회 대표유형 · 기출문제 7~9쪽

대표유형❶ 48, 46, ㉡ / ㉡
대표유형❷ 11, 8, 19 / 19권
대표유형❸ 44, 13 / 44−13=31

**1** 59 **2** 45
**3** 80 **4** 13
**5** (선 잇기)
**6** 20 **7** 49
**8** (선 잇기) **9** 22, 38
**10** 20, 2
**11** <
**12** 20
**13** 20, 50 (또는 50, 20)
**14** 47−34=13 / 13장
**15** 7+40=47 / 47일
**16** ㉠ 28, 16, 12 / 16, 4, 12
**17** (위에서부터) 8, 7
**18** 4개
**19** 45명
**20** 44

풀이

**1** 10개씩 묶음 5개와 낱개 2+7=9(개)이므로 59입니다.
➜ 52+7=59

**2** 구슬 10개씩 묶음 4개와 낱개 9개에서 낱개 4개를 덜어 내면 10개씩 묶음 4개와 낱개 5개가 남으므로 45입니다.
➜ 49−4=45

**3**
$$\begin{array}{r} 50 \\ +30 \\ \hline 80 \end{array}$$

**4** 낱개는 낱개끼리, 10개씩 묶음은 10개씩 묶음끼리 뺍니다.

$$\begin{array}{r} 47 \\ -34 \\ \hline 13 \end{array}$$

**5** $\begin{array}{r} 89 \\ -25 \\ \hline 64 \end{array}$, $\begin{array}{r} 97 \\ -12 \\ \hline 85 \end{array}$, $\begin{array}{r} 75 \\ -21 \\ \hline 54 \end{array}$

**6** $\begin{array}{r} 90 \\ -70 \\ \hline 20 \end{array}$

**7** **참고**

낱개는 낱개끼리, 10개씩 묶음은 10개씩 묶음끼리 더합니다.

$$\begin{array}{r} 25 \\ +24 \\ \hline 49 \end{array}$$

**8** 18+31=49, 45+24=69
33+36=69, 26+32=58,
25+24=49

**9** (과일 수)=(복숭아의 수)+(자두의 수)
=16+22=38

**11** 50+16=66
➔ 66<71

**12** 50>30
➔ 차: 50−30=20

**13** 10개씩 묶음의 수의 합이 7이 되는 두 수를 찾으면 20과 50입니다.
➔ 20+50=70 또는 50+20=70

**14** (남은 색종이 수)
=(처음에 가지고 있던 색종이 수)
−(사용한 색종이 수)
=47−34=13(장)

**15** (알에서 개구리가 되는 데 걸린 날수)
=(알에서 올챙이가 나오는 데 걸린 날수)
+(알에서 나온 올챙이가 개구리가 되는 데 걸린 날수)
=7+40=47(일)

**16** 그림을 보고 여러 가지 뺄셈식을 만듭니다.
(금붕어의 수)−(열대어의 수)
=28−16=12
(열대어의 수)−(거북의 수)
=16−4=12

**다른 풀이**

(금붕어의 수)−(거북의 수)
=28−4=24

**17** $\begin{array}{r} ㉠\,9 \\ -5\,㉡ \\ \hline 3\,2 \end{array}$

• 9−㉡=2
➔ 9−[7]=2이므로 ㉡=7입니다.

• ㉠−5=3
➔ [8]−5=3이므로 ㉠=8입니다.

**주의**

낱개끼리의 계산에서 ㉡을 먼저 구하고, 10개씩 묶음끼리의 계산에서 ㉠을 구합니다.

**18** 56+31=87에서 □6은 56보다 작아야 합니다.
따라서 □ 안에 들어갈 수 있는 수는 1, 2, 3, 4로 모두 4개입니다.

**19** (남학생 수)=(여학생 수)+3
=21+3=24(명)
(서윤이네 반 학생 수)
=(여학생 수)+(남학생 수)
=21+24=45(명)

**20** 5>4>2이므로
만들 수 있는 가장 큰 몇십몇: 54
➔ 54−10=44

**참고**

가장 큰 몇십몇을 만들려면 10개씩 묶음의 수에 가장 큰 수를 낱개의 수에 두 번째로 큰 수를 놓아야 합니다.

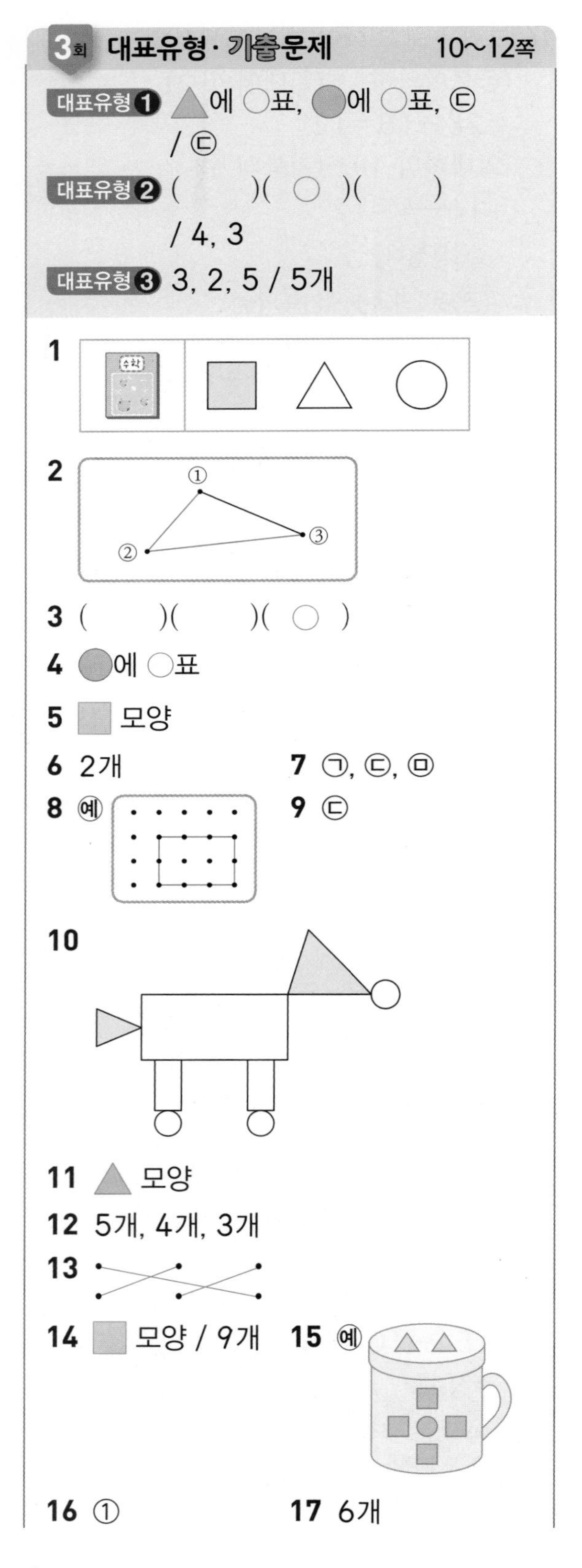


18 4개

19 모양

20 7개

풀이

1 수학책은 모양입니다.

2 ①, ②, ③의 순서로 점을 반듯한 선으로 잇습니다.

3 달력은 모양, 교통안전표지는 모양, 시계는 모양입니다.

4 모양은 뾰족한 곳이 없고 둥근 부분이 있습니다.

5 상자의 윗부분에 물감을 묻혀 찍으면 모양이 나옵니다.

6 ㉡ 접시, ㉣ 동전
➜ 2개

7 모양인 물건은 ㉠ 액자, ㉢ 필통, ㉤ 공책입니다.

주의

휴대 전화는 모양입니다.

8 모양이 되도록 4개의 점을 정한 후 선으로 이어 그립니다.

9 북을 본뜬 모양은 모양입니다.

참고

모양의 특징
① 뾰족한 곳이 없습니다.
② 선이 반듯하지 않고 둥글게 휘어 있습니다.

10 뾰족한 곳이 3군데 있는 모양에 모두 색칠합니다.

참고

- 모양은 뾰족한 곳이 4군데입니다.
- 모양은 뾰족한 곳이 3군데입니다.
- 모양은 뾰족한 곳이 없고 둥근 부분이 있습니다.

**11** 지붕은 △ 모양 2개를 이용하여 만들었습니다.

**12** 모양별로 서로 다른 표시를 해 가며 수를 각각 세어 봅니다.

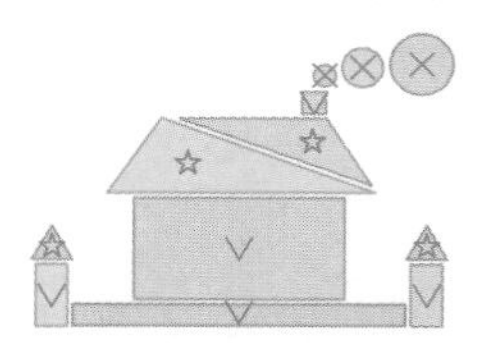

➔ □ 모양: 5개, △ 모양: 4개, ○ 모양: 3개

**13** 주의

□ 와 △ 모양에는 둥근 부분이 없고 반듯한 선만 있다는 점에 주의합니다.

**14** □ 모양의 초콜릿을 9개 이용하였습니다.

**15** □, △, ○ 모양을 이용하여 다양한 방법으로 컵을 꾸밉니다.

**16** △ 모양과 ○ 모양을 이용하여 꾸몄습니다.

**17** 공책 1권을 꾸미는 데 필요한 △ 모양은 3개이므로 2권을 꾸미려면 $3+3=6$(개)가 필요합니다.

**18** 동전을 본뜬 모양은 ○ 모양입니다. 모양자에서 ○ 모양은 모두 4개입니다.

**19** 뾰족한 곳이 4군데 있고 주사위에서 찾을 수 있는 모양은 □ 모양입니다.

**20** □ 모양 3개, △ 모양 3개, ○ 모양 7개를 이용하였습니다.

➔ $7>3$이므로 가장 많이 이용한 모양은 ○ 모양으로 7개입니다.

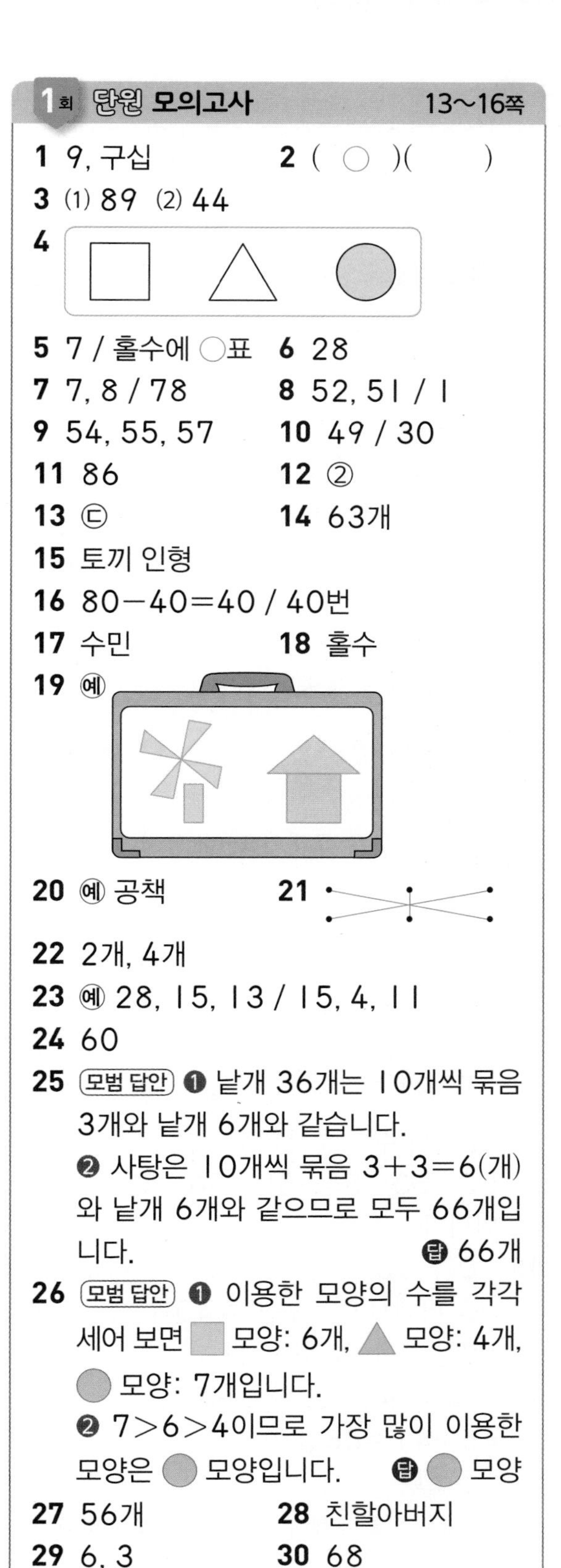

**1회 단원 모의고사** 13~16쪽

**1** 9, 구십 **2** ( ○ )( )

**3** (1) 89 (2) 44

**4** □ △ ○

**5** 7 / 홀수에 ○표 **6** 28

**7** 7, 8 / 78 **8** 52, 51 / 1

**9** 54, 55, 57 **10** 49 / 30

**11** 86 **12** ②

**13** ㉢ **14** 63개

**15** 토끼 인형

**16** $80-40=40$ / 40번

**17** 수민 **18** 홀수

**19** 예

**20** 예 공책 **21**

**22** 2개, 4개

**23** 예 28, 15, 13 / 15, 4, 11

**24** 60

**25** 모범 답안 ❶ 낱개 36개는 10개씩 묶음 3개와 낱개 6개와 같습니다.

❷ 사탕은 10개씩 묶음 $3+3=6$(개)와 낱개 6개와 같으므로 모두 66개입니다.

답 66개

**26** 모범 답안 ❶ 이용한 모양의 수를 각각 세어 보면 □ 모양: 6개, △ 모양: 4개, ○ 모양: 7개입니다.

❷ $7>6>4$이므로 가장 많이 이용한 모양은 ○ 모양입니다.

답 ○ 모양

**27** 56개 **28** 친할아버지

**29** 6, 3 **30** 68

풀이

**1** 90은 10개씩 묶음 9개이고, 구십 또는 아흔이라고 읽습니다.

**2** 왼쪽에는 ● 모양만 있고, 오른쪽에는 ■와 ▲ 모양이 있습니다.

**3** (1)
$$\begin{array}{r} 84 \\ +\ 5 \\ \hline 89 \end{array}$$
(2)
$$\begin{array}{r} 76 \\ -32 \\ \hline 44 \end{array}$$

참고

낱개는 낱개끼리, 10개씩 묶음은 10개씩 묶음끼리 계산합니다.

**4** 컵을 종이 위에 대고 본뜨면 ● 모양이 나옵니다.

**5** 축구공은 7개입니다. 7은 둘씩 짝을 지을 수 없으므로 홀수입니다.

**6** $21+7=28$

**7** 10개씩 묶음 7개와 낱개 8개이므로 78입니다.

**8** 참고

$58-4=54$
$57-4=53$
$56-4=52$
$55-4=51$
→ 빼지는 수가 1씩 작아지면 차도 1씩 작아집니다.

**9** 52부터 수를 순서대로 쓰면
52−53−54−55−56−57
입니다.

**10** 10과 30을 더해서 40을 구하고, 3과 6을 더해서 9를 구한 후 40과 9를 더해서 49를 구할 수 있습니다.

**11** 45보다 41만큼 더 큰 수는
$45+41=86$입니다.

참고

'~큰 수'를 구해야 하므로 덧셈식으로 계산합니다.

**12** 태극기에서 찾을 수 있는 모양은 ■ 모양과 ● 모양이므로 태극기에서 찾을 수 없는 모양은 ▲ 모양입니다.

**13** ㉢ 접시에서 찾을 수 있는 모양은 ● 모양입니다.

**14** 64보다 1만큼 더 작은 수는 63입니다.

참고

수를 순서대로 적었을 때 1만큼 더 큰 수는 바로 뒤의 수, 1만큼 더 작은 수는 바로 앞의 수입니다.

**15** $53>49$이므로 더 많이 만든 인형은 토끼 인형입니다.

**16** (더 해야 하는 줄넘기 수)
$=80-40=40$(번)

**17** 준서: 해는 ■와 ● 모양으로 되어 있습니다.

**18** 여든다섯은 85이고, 85는 홀수입니다.

참고

홀수는 둘씩 짝을 지을 수 없습니다.
홀수는 1, 3, 5, 7, 9로 끝납니다.

**19** ■, ▲ 모양을 이용하여 가방을 꾸밀 수 있습니다.

**20** 뾰족한 곳이 4군데인 모양은 ■ 모양입니다. ■ 모양의 물건은 공책, 주사위, 수학책 등이 있습니다.

**21** 본뜬 모양을 완성하면 각각 ○, △, □입니다.

- ● 모양 → 동전
- ▲ 모양 → 교통안전표지
- ■ 모양 → 액자

**22** → ■ 모양: 2개, ▲ 모양: 4개

**23** (사과의 수)−(배의 수)=28−15=13
(배의 수)−(귤의 수)=15−4=11

참고
28−4=24로 써도 정답입니다.

**24** 30+□=90 ➔ 30+[60]=90이므로 □ 안에 알맞은 수는 60입니다.

**25** 채점 기준

| | | |
|---|---|---|
| ❶ 낱개 36개의 10개씩 묶음의 수와 낱개의 수를 구함. | 2점 | 4점 |
| ❷ 사탕은 모두 몇 개인지 구함. | 2점 | |

**26** 채점 기준

| | | |
|---|---|---|
| ❶ 이용한 ■, ▲, ● 모양의 수를 각각 구함. | 2점 | 4점 |
| ❷ 가장 많이 이용한 모양을 구함. | 2점 | |

주의
빠뜨리거나 두 번 세지 않도록 / 또는 ∨ 등의 표시를 하면서 모양의 수를 세어 봅니다.

**27** (만든 초코 쿠키의 수)=21+14
=35(개)
➔ (만든 버터 쿠키와 초코 쿠키의 수)
=21+35=56(개)

**28** 10개씩 묶음의 수를 비교하면 7>6이므로 친할아버지와 친할머니가 외할아버지와 외할머니보다 연세가 더 많습니다.
76>74이므로 연세가 가장 많은 사람은 친할아버지입니다.

**29** ㉠−3=3 ➔ [6]−3=3이므로 ㉠=6,
7−㉡=4 ➔ 7−[3]=4이므로 ㉡=3 입니다.

**30** 60보다 크고 70보다 작은 수이므로 10개씩 묶음의 수는 6입니다.
낱개의 수는 10개씩 묶음의 수보다 2 크므로 6+2=8입니다.
➔ 두 조건을 만족하는 수는 68입니다.

## 2회 단원 모의고사 17~20쪽

**1** 9 / 4, 9 **2** 3, 73
**3** ( )( )( ○ )
**4** 42
**5** (위에서부터) 예순, 칠십
**6** > / 큽니다에 ○표
**7**
$$\begin{array}{r} 46 \\ -10 \\ \hline 36 \end{array}$$
**8** ● 모양
**9** 예
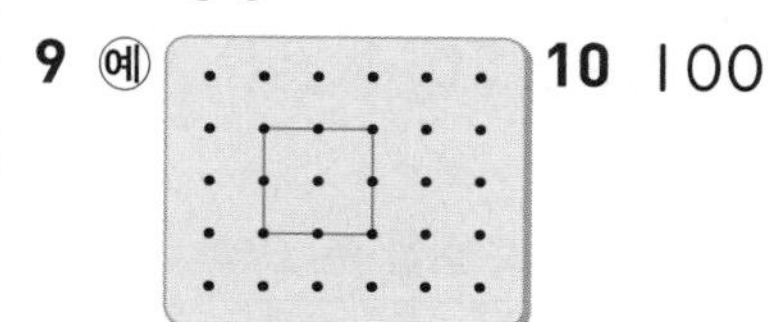
**10** 100
**11** ( × )
( ○ )
**12** 3개
**13** 서희 **14** ㉡
**15** 예 삼각자 **16** 30개
**17** 3개 **18** 9상자, 3자루
**19** 22+4=26 / 26권
**20** 52, 짝수 **21** 59, 61
**22** ● 모양 **23** ㉠
**24** 16, 22 / 27, 43
**25** 23, 44 **26** 20
**27** 모범 답안 ❶ 어떤 수를 □라 하여 잘못 계산한 식을 만들면 □−5=24입니다.
❷ [29]−5=24이므로 어떤 수는 29입니다.
답 29
**28** 재영 **29** 5개
**30** 모범 답안 ❶ 장갑 한 짝을 꾸미는 데 ■ 모양은 2개 필요합니다.
❷ 장갑 한 켤레는 두 짝입니다.
❸ 따라서 ■ 모양은 2+2=4(개) 필요합니다.
답 4개

풀이

**1** 낱개끼리 더하면 $6+3=9$입니다.
➜ $46+3=49$

**2** 10개씩 묶음 7개: 70
낱개 3개: 3 ➜ 73

**3** CD: ● 모양, 액자: ■ 모양,
삼각자: ▲ 모양

**4** 10개씩 묶음 4개, 낱개 2개가 남으므로 42입니다.

**5** 60 ➜ 육십, 예순 / 70 ➜ 칠십, 일흔

참고

수는 두 가지 방법으로 읽을 수 있습니다.

| 60 | 70 | 80 | 90 |
|---|---|---|---|
| 육십<br>예순 | 칠십<br>일흔 | 팔십<br>여든 | 구십<br>아흔 |

**6** $90>88$ ➜ 90은 88보다 큽니다.
$9>8$

**7** 낱개끼리의 계산을 잘못하였습니다.

**8** 그림과 같이 찍으면 ● 모양이 나옵니다.

**9** 왼쪽 모양은 ■ 모양이므로 4개의 점을 정한 후 선으로 이어 그립니다.

참고

모양이 완전히 똑같지 않더라도 특징이 같으면 같은 모양입니다.

**10** 99보다 1만큼 더 큰 수는 100이므로 99 다음에 놓아야 할 구슬의 번호는 100입니다.

**11** ● 모양은 뾰족한 곳이 없습니다.

참고

■ 모양: 뾰족한 곳이 4군데 있습니다.
▲ 모양: 뾰족한 곳이 3군데 있습니다.

**13** • 진혁: 50에서 20을 뺀 다음 7에서 2를 뺀 수와 더해야 합니다.

**14** ㉠ 69 ㉡ 79 ㉢ 69
따라서 나머지와 다른 하나는 ㉡입니다.

**15** 삼각자 외에도 트라이앵글, 삼각김밥 등이 있습니다.

**16** (호두의 수)−(땅콩의 수)
$=40-10=30$(개)

**17** 이용한 ▲ 모양은 모두 3개입니다.

**18** 93은 10개씩 묶음 9개와 낱개 3개입니다.
➜ 9상자까지 만들 수 있고, 3자루가 남습니다.

**19** (빨간색 책의 수)+(파란색 책의 수)
$=22+4=26$(권)

**20** 개미를 10마리씩 세어 묶으면 10마리씩 묶음은 5개이고 2마리가 남으므로 개미의 수는 52입니다.
52는 짝수입니다.

참고

짝수는 둘씩 짝을 지을 수 있습니다.
짝수는 0, 2, 4, 6, 8로 끝납니다.

**21** • 60보다 1만큼 더 작은 수는 59입니다.
• 60보다 1만큼 더 큰 수는 61입니다.

**22** 물감을 묻혀 찍으면
윗부분과 아래부분은 ▲ 모양,
옆부분은 ■ 모양이 나옵니다.

**23** ㉠ $42+34=76$
㉡ $90-20=70$
㉢ $89-15=74$
➜ $76>74>70$이므로 계산 결과가 가장 큰 것은 ㉠입니다.

**24** 짝수: 16, 22 ➜ $16<22$
홀수: 43, 27 ➜ $27<43$

주의

주어진 수가 짝수인지 홀수인지 먼저 구하고 크기를 비교합니다.

**25** 낱개끼리의 합이 7이 되는 두 수는 23과 44, 15와 32입니다.
➔ $23+44=67$(○),
$15+32=47$(×)
따라서 합이 67이 되는 두 수는 23과 44입니다.

**26** $90-10=80$이므로 $60+\square=80$입니다.
➔ $60+\boxed{20}=80$이므로 □ 안에 알맞은 수는 20입니다.

**27** 채점 기준

| | | |
|---|---|---|
| ❶ 어떤 수를 □라 하여 잘못 계산한 식을 만듦. | 2점 | 4점 |
| ❷ 어떤 수를 구함. | 2점 | |

**28** 순번대기표의 수가 작을수록 진료를 먼저 받습니다.
10개씩 묶음의 수를 비교하면 $7<8<9$이므로 가장 먼저 진료를 받게 되는 사람은 재영입니다.

참고
주어진 수들의 10개씩 묶음의 수가 다르면 10개씩 묶음의 수만 비교하여 크기를 비교할 수 있습니다.

**29** ■ 모양: 3개, ▲ 모양: 7개,
● 모양: 8개
$8>7>3$이므로 ● 모양이 8개로 가장 많고, ■ 모양이 3개로 가장 적습니다.
➔ $8-3=5$(개)

**30** 채점 기준

| | | |
|---|---|---|
| ❶ 장갑 한 짝을 꾸미는 데 ■ 모양이 몇 개 필요한지 구함. | 1점 | 4점 |
| ❷ 장갑 한 켤레는 장갑 몇 짝인지 구함. | 1점 | |
| ❸ ■ 모양은 몇 개 필요한지 구함. | 2점 | |

주의
장갑 한 켤레는 장갑 두 짝입니다.

## 4회 대표유형 · 기출문제 24~26쪽

대표유형 ❶ 9, 9 ⁝ 6, 9 / 9
대표유형 ❷ 6, 4, ㉠ / ㉠
대표유형 ❸ 1, 10, 11, 11 / 11개

**1** 8
**2** (계산 순서대로) 10, 13, 13
**3** (계산 순서대로) 6, 6, 8
**4** 예 4, 6
**5** (　　)(○)
**6** (1) 12 (2) 16　　**7** ㉡
**8** 6, 4에 ○표 / 15
**9**

| | |
|---|---|
| 4+5 | 1+9 |
| 3+7 | 6+2 |

**10** 13장　　**11** 3
**12** 예 2, 1, 3, 6
**13**
**14** $9-5-3=1$ / 1개
**15** 예 $5+5+2=12$ / 12개
**16** 4, 13　　**17** 8
**18** $<$
**19**

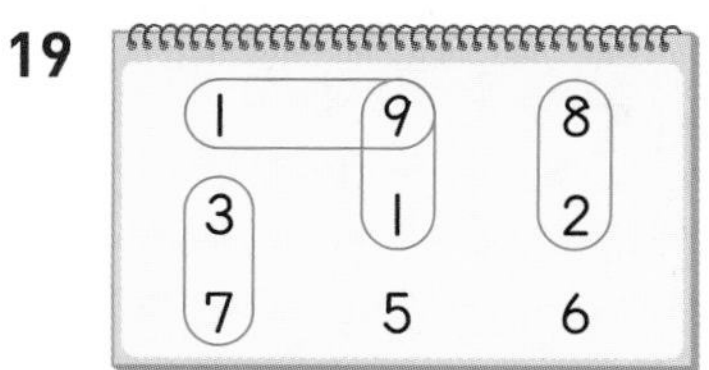

/ 예 $9+1=10$, $8+2=10$, $3+7=10$
**20** 삼, 국, 지

풀이

**1** 자동차 10대에서 2대를 덜어내면 8대가 남습니다.
➔ $10-2=8$

**2** 2와 8을 더하면 10이 되므로 2와 8을 먼저 더합니다.

➜ $3+2+8=13$

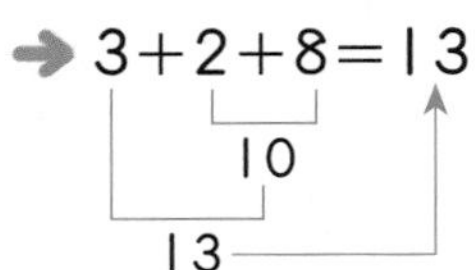


**3** 

$$\begin{array}{r} 1 \\ +\ 5 \\ \hline 6 \end{array} \quad \rightarrow \quad \begin{array}{r} 6 \\ +\ 2 \\ \hline 8 \end{array}$$

**4** 주사위의 눈이 4, 6이므로 $4+6=10$입니다.

**5** $9+1+7=10+7=17$

**6** (1) $7+3+2=12$

10

12

(2) $6+5+5=16$

10

16

**7** ㉡ $4-2-1=1$

2

1

주의

세 수의 뺄셈은 앞에서부터 차례대로 계산해야 합니다.

**8** $6+4+5=15$

10

15

**9** $4+5=9$, $\underline{1+9=10}$, $\underline{3+7=10}$, $6+2=8$

**10** (무궁화의 꽃잎 수)+(목련의 꽃잎 수) $=5+8=13$(장)

**11** $8>3>2$이므로 가장 큰 수는 8입니다.

➜ $8-3-2=3$

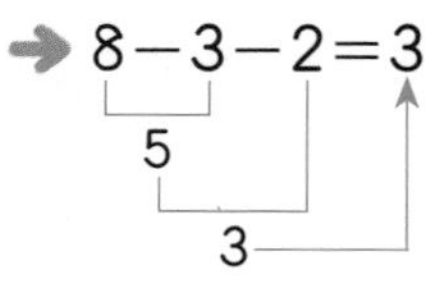


**12** 축구공이 2개, 농구공이 1개, 야구공이 3개이므로 공은 모두 6개입니다.

➜ $2+1+3=6$

참고

$2+3+1=6$, $1+2+3=6$,
$1+3+2=6$, $3+1+2=6$,
$3+2+1=6$으로 써도 정답입니다.

**13** $4+9=9+4=13$, $6+8=8+6=14$, $7+5=5+7=12$

참고

두 수를 바꾸어 더해도 결과(합)가 같습니다.

**14** (원래 있던 귤의 수)
$-$(오빠가 먹은 귤의 수)
$-$(동생이 먹은 귤의 수)
$=9-5-3=1$(개)

**15** 보는 펼친 손가락이 5개, 가위는 펼친 손가락이 2개입니다.

➜ $5+5+2=12$(개)

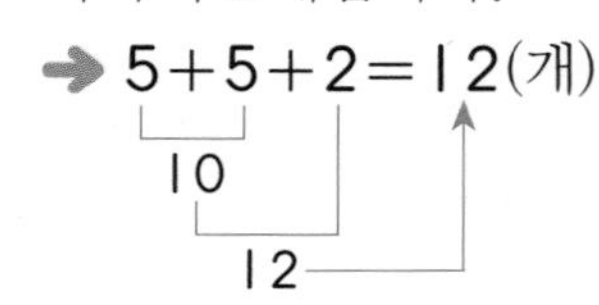


**16** 6과 더해서 10이 되는 수는 4입니다.

➜ $3+6+4=13$

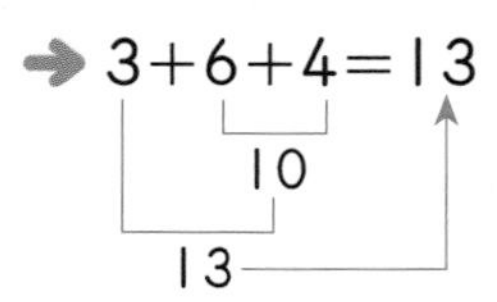


**17** 어떤 수를 □라 하면 $10-\square=2$입니다.

➜ $10-\boxed{8}=2$이므로 어떤 수는 8입니다.

**18** $4+1+3=8$, $10-1=9$

➜ $8<9$

**20** • $10-4=6$(삼)

• $10-7=3$(국)

• $10-6=4$(지)

## 5회 대표유형 · 기출문제 27~29쪽

대표유형 ❶ 2, 12, 2 / 2시

대표유형 ❷ 사과, 수박, 사과 / 사과

대표유형 ❸ 2, 38 / 38

1 (○)( )

2 10

3 3, 3

4 파란색, 파란색

5

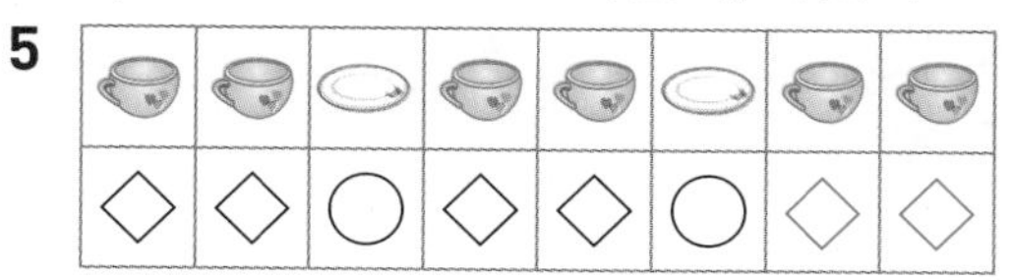

6 8시

7

| △ | ♡ | △ | ♡ | △ | ♡ | △ | ♡ |
|---|---|---|---|---|---|---|---|
| ♡ | △ | ♡ | △ | ♡ | △ | ♡ | △ |

8

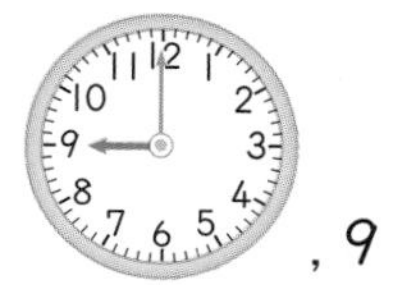

, 9

9 준서

10 (위에서부터) 88, 89, 90 / 98, 99, 100

11 8, 3

12

13 예

14

15 예 동전

16 ㉡

17 예 3씩 작아집니다. / 예 24, 21, 18, 15

18

19 5개

20 예 32부터 시작하여 4씩 커집니다. /

| 30 | 31 | 32 | 33 | 34 | 35 | 36 | 37 | 38 | 39 |
|---|---|---|---|---|---|---|---|---|---|
| 40 | 41 | 42 | 43 | 44 | 45 | 46 | 47 | 48 | 49 |
| 50 | 51 | 52 | 53 | 54 | 55 | 56 | 57 | 58 | 59 |

**풀이**

1 트라이앵글 – 탬버린 – 탬버린이 반복됩니다.

2 50, 60, 70, 80, 90은 50부터 시작하여 10씩 커지는 규칙입니다.

5 컵 – 컵 – 접시가 반복되는 규칙이고, 컵을 ◇로, 접시를 ○로 나타냈습니다.

6 짧은바늘이 8, 긴바늘이 12를 가리키므로 8시입니다.

7 첫째 줄은 △ – ♡가 반복되고, 둘째 줄은 ♡ – △가 반복됩니다.

8 짧은바늘이 9, 긴바늘이 12를 가리킬 때의 시각은 9시입니다.

9 수민: ······에 있는 수는 1씩 커집니다.

10 • 87부터 1씩 커지면 88, 89, 90입니다.
• 97부터 1씩 커지면 98, 99, 100입니다.

11 8과 3이 반복되는 규칙입니다.

12 • 짧은바늘이 10과 11 사이에 있고, 긴바늘이 6을 가리키므로 10시 30분입니다.
• 짧은바늘이 12와 1 사이에 있고, 긴바늘이 6을 가리키므로 12시 30분입니다.

**13** 모양, 모양이 반복됩니다.

**14** 짧은바늘이 3과 4 사이에 있고, 긴바늘이 6을 가리키도록 그립니다.

**15** △ − ○ − ○가 반복되므로 빈칸에 들어갈 모양은 ○입니다.
➔ ○ 모양의 물건은 동전, 시계, 피자 등이 있습니다.

**16** ㉠ 6시: 짧은바늘이 6을 가리킵니다.
㉡ 12시: 짧은바늘이 12, 긴바늘이 12를 가리킵니다.
㉢ 9시 30분: 긴바늘이 6을 가리킵니다.
➔ 시곗바늘이 6을 가리키지 않는 시각은 ㉡ 12시입니다.

**17** 27부터 시작하여 3씩 작아지면 27, 24, 21, 18, 15입니다.

**참고**
정한 규칙에 따라 다양한 답이 나올 수 있습니다.
예 27부터 시작하여 2씩 커집니다.
➔ 27 − 29 − 31 − 33 − 35

**18** 8시와 8시 30분이 반복되므로 빈 시계에 알맞은 시각은 8시입니다.
➔ 짧은바늘이 8, 긴바늘이 12를 가리키도록 그립니다.

**19** 펼친 손가락이 0개 − 5개가 반복되므로 □ 안에는 차례로 펼친 손가락 0개, 5개 그림이 들어갑니다.
➔ 펼친 손가락은 모두 $0+5=5$(개)입니다.

**참고**
바위는 펼친 손가락이 0개, 보는 펼친 손가락이 5개입니다.

**20** 4씩 커지는 규칙이므로 48, 52, 56에 색칠합니다.

## 6회 대표유형 · 기출문제 30~32쪽

대표유형❶ 16, 16, 6, 6 / 6
대표유형❷ 13, 13, 13 / 13
대표유형❸ 15, 8, 7 / 7개

**1** 14 **2** 4
**3** (왼쪽부터) 2, 11 **4** (1) 2 (2) 15
**5** 13 **6** 9
**7** 예

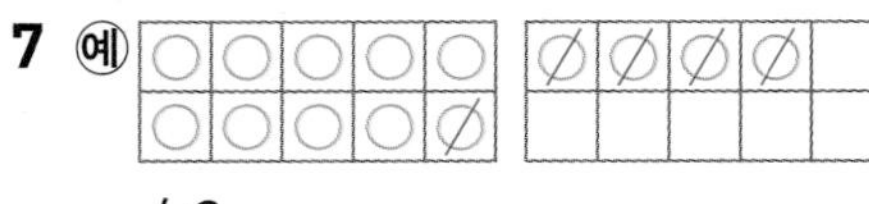

/ 9

**8** 12 **9** 9쪽
**10** 예

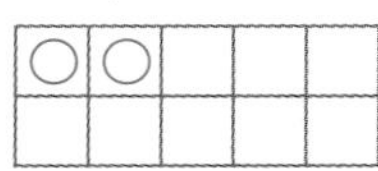

/ 예 5, 7, 12

**11~12**

| | | | |
|---|---|---|---|
| 6+3<br>9 | 6+4<br>10 | 6+5<br>11 | 6+6<br>12 |
| 7+3<br>10 | 7+4<br>11 | 7+5<br>12 | 7+6<br>13 |
| 8+3<br>11 | 8+4<br>12 | 8+5<br>13 | 8+6<br>14 |
| 9+3<br>12 | 9+4<br>13 | 9+5<br>14 | 9+6<br>15 |

**13** 14, 8
**14** $7+9=16$ / 16개
**15** $13-8=5$ / 5자루
**16**

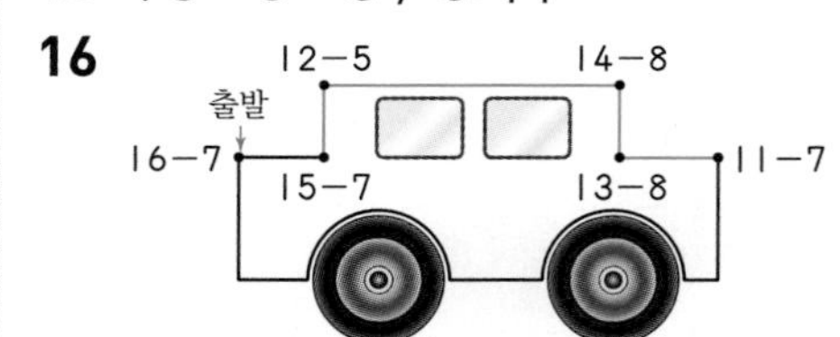


**17** 11−6, 14−9에 색칠
**18** 17, 7 / 7개
**19**

| | | | | | | | | |
|---|---|---|---|---|---|---|---|---|
| 8 | + | 7 | = | 15 | | 6 | | 4 |
| 5 | | 3 | + | 9 | = | 12 | | 1 |
| 19 | | 2 | | 5 | + | 6 | = | 11 |

**20** 현수

풀이

**1** 8과 2를 먼저 더해서 10을 만들고, 10과 남은 4를 더하면 14입니다.
➜ $8+6=14$ (6을 2와 4로 가르기)

**2** 13에서 3을 먼저 빼고, 남은 10에서 6을 빼면 4입니다.
➜ $13-9=4$ (9를 3과 6으로 가르기)

**3** 3을 1과 2로 가르기 하여 8에 2를 먼저 더해 10을 만들고, 남은 1과 더하면 11입니다.
➜ $3+8=11$ (3을 1과 2로 가르기)

**4** (1) 12는 10과 2로 가르기 할 수 있습니다.
(2) 7과 8을 모으면 15입니다.

**5** $8+5=13$ (5를 2와 3으로 가르기)

**6** $16-7=9$ (7을 6과 1로 가르기)

**7** 14에서 먼저 4를 빼고, 남은 10에서 1을 빼면 9입니다.
➜ $14-5=9$ (5를 4와 1로 가르기)

**8** $8+4=12$ (4를 2와 2로 가르기)

**9** (남은 문제집 쪽수)$=15-6=9$(쪽)

**10** (야구공 수)+(테니스공 수)
$=5+7=12$(개)

**11** $7+5=12$, $8+4=12$, $8+5=13$, $9+4=13$, $9+5=14$

**12** $6+6=12$, $7+5=12$, $8+4=12$, $9+3=12$에 모두 ○표 합니다.

참고

| | | | |
|---|---|---|---|
| 6+3<br>9 | 6+4<br>10 | 6+5<br>11 | 6+6<br>12 |
| 7+3<br>10 | 7+4<br>11 | 7+5<br>12 | 7+6<br>13 |
| 8+3<br>11 | 8+4<br>12 | 8+5<br>13 | 8+6<br>14 |
| 9+3<br>12 | 9+4<br>13 | 9+5<br>14 | 9+6<br>15 |

↙ 방향으로 더해지는 수가 1씩 커지고, 더하는 수는 1씩 작아지므로 합이 같습니다.

**13** $5+9=14$, $14-6=8$

**14** (전체 사과 수)
=(원래 있던 사과 수)+(더 담은 사과 수)
$=7+9=16$(개)

**15** (더 필요한 연필 수)
=(나누어 줄 학생 수)−(원래 있던 연필 수)
$=13-8=5$(자루)

**16** $16-7=9$, $15-7=8$, $12-5=7$, $14-8=6$, $13-8=5$, $11-7=4$의 순서로 점을 잇습니다.

**17** $12-8=4$, $11-6=5$,
$13-5=8$, $14-9=5$

**18** 17은 10과 7로 가르기 할 수 있습니다.
➜ 10칸인 상자에 담고 남은 초콜릿은 7개입니다.

참고

상자는 10칸이므로 상자에 담을 수 있는 초콜릿은 10개입니다.

**19** $3+9=12$, $5+6=11$

주의

옆으로 덧셈식이 되는 경우만 찾습니다.

**20** • 현수: $15-8=7$
• 예은: $11-5=6$
➜ $7>6$이므로 이긴 사람은 현수입니다.

## 3회 단원 모의고사 33~36쪽

**1** 7, 7 **2** 12

**3** (계산 순서대로) 10, 14, 14

**4** 오른발

**5** (계산 순서대로) 2, 8

**6** 11 **7** (5+5) / 16

**8** 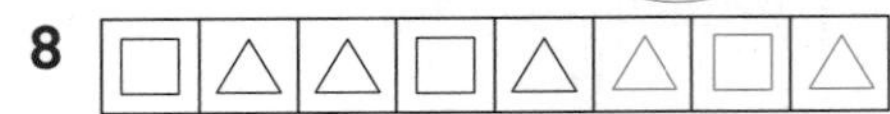

**9** 5, 30 **10** 4

**11** 6, 4

**12**

**13** 

**14** 11명 **15** 8, 5

**16** 2개

**17**

**18** 16−9=7 / 7병

**19** 13개

**20** ( )( ○ )( )

**21** (왼쪽부터) 70, 74, 78

**22** 모범 답안 ❶ 21, 26, 31, 36은 21부터 시작하여 5씩 커지는 규칙입니다.
❷ 36 다음 수는 41이고, 41 다음 수는 46이므로 ㉠에 알맞은 수는 46입니다. 답 46

**23** ㉠, ㉢

**24**

| | | | | | | |
|---|---|---|---|---|---|---|
| (17 | − | 9 | = | 8) | 5 | 16 |
| 11 | (13 | − | 6 | = | 7) | 2 |
| (12 | − | 9 | = | 3) | 11 | 4 |

**25** 일, 학, 년

**26** 수정 / 예 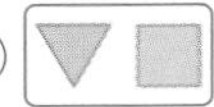

**27** 모범 답안 ❶ 합이 가장 크려면 가장 큰 수와 두 번째로 큰 수를 더해야 합니다.
❷ 9>6>4이므로 합이 가장 클 때의 합은 9+6=15입니다. 답 15

**28** 예나

**29** 4, 9 / 6, 7

**30** 17개, 14개

### 풀이

**1** 시계의 짧은바늘이 7, 긴바늘이 12를 가리키므로 7시입니다.

> **참고**
> 시계에서 짧은바늘은 시침, 긴바늘은 분침을 나타냅니다.

**2** 6을 2와 4로 가르기 하여 6에 4를 먼저 더해 10을 만들고 남은 2를 더하면 12입니다.

> **주의**
> 10을 만들고 남은 수를 더하는 것을 잊지 않도록 주의합니다.

**5** 15에서 5를 먼저 빼고 남은 10에서 2를 빼면 8입니다.

**6** 6+5=11

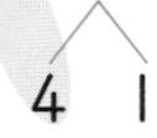

4 1

**7** 6+5+5=6+10=16

**8** 택시는 □로, 버스는 △로 나타냅니다.

**9** 짧은바늘: 5와 6 사이, 긴바늘 : 6 → 5시 30분

**10** 8−3−1=5−1=4

**11** 무당벌레는 10마리, 잠자리는 6마리이므로 무당벌레는 잠자리보다 10−6=4(마리) 더 많습니다.

**12** • $5+\square=10$ ➔ $\square=5$
• $3+\square=10$ ➔ $\square=7$
• $9+\square=10$ ➔ $\square=1$

**참고**

합이 10이 되는 덧셈식
$1+9=10$, $2+8=10$, $3+7=10$,
$4+6=10$, $5+5=10$, $6+4=10$,
$7+3=10$, $8+2=10$, $9+1=10$

**13** 짧은바늘이 2와 3 사이에 있고, 긴바늘이 6을 가리키도록 그립니다.

**14** (원래 있던 어린이 수)
+(더 들어온 어린이 수)
$=7+4=11$(명)

**15** 7과 8을 모으기 하면 15입니다.
➔ ㉠=8
15는 10과 5로 가르기 할 수 있습니다.
➔ ㉡=5

**16** $9-2-5=7-5=2$(개)

**17** 첫째 줄은 파란색 — 노란색 — 노란색이 반복되고, 둘째 줄은 노란색 — 노란색 — 파란색이 반복됩니다.

**참고**

각 줄에 따라 반복되는 규칙을 먼저 찾습니다.

**18** (더 필요한 우유의 수)
=(나누어 줄 어린이 수)
 −(가지고 있는 우유의 수)
$=16-9=7$(병)
10 6

**19** 이어서 세면 8하고 9, 10, 11, 12, 13이므로 모두 13개를 밟고 건너는 것입니다.

**20** • $2+2+4=4+4=8$
• $5+1+3=6+3=9$
• $3+1+2=4+2=6$

**21** 4씩 커지는 규칙이므로 왼쪽부터 차례로 70, 74, 78을 써넣습니다.

**22** 채점 기준

| | | |
|---|---|---|
| ❶ 수 배열에서 규칙을 찾음. | 2점 | 4점 |
| ❷ ㉠에 알맞은 수를 구함. | 2점 | |

**23** ㉡ 긴바늘이 6을 가리키므로 짧은바늘은 숫자와 숫자 사이를 가리켜야 합니다.

**24** 주어진 $17-9=8$을 제외하고 뺄셈식 2개를 더 찾습니다.
➔ $13-6=7$, $12-9=3$

**25** • $3+\underline{1+9}=13$ ➔ 일
• $\underline{7+3}+1=11$ ➔ 학
• $4+2+3=9$ ➔ 년

**26** 수정: ▼ — ■가 반복됩니다.

**27** 채점 기준

| | | |
|---|---|---|
| ❶ 합이 가장 클 때의 조건을 앎. | 2점 | 4점 |
| ❷ 합이 가장 클 때의 합을 구함. | 2점 | |

**참고**

합이 가장 클 때: (가장 큰 수)
+(두 번째로 큰 수)
차가 가장 클 때: (가장 큰 수)−(가장 작은 수)

**28** 공에 적힌 두 수의 차를 구하면
예나: $13-4=9$,
지환: $11-3=8$입니다.
$9>8$이므로 이긴 사람은 예나입니다.

**주의**

차를 구할 때는 큰 수에서 작은 수를 빼야 합니다.

**29** 🙂이 있는 칸에 들어갈 수는 $5+8=13$입니다. 합이 13인 덧셈식을 찾으면 $4+9$, $6+7$입니다.

**30** ● 모양: $\underline{6+4}+7=10+7=17$(개)
▲ 모양: $4+\underline{7+3}=4+10=14$(개)

**참고**

10이 되는 두 수를 먼저 더한 후에 나머지 수를 더하여 계산합니다.

## 4회 단원 모의고사 37~40쪽

1 4

2 15

3

4 ○, △, ○

5 (위에서부터) 9, 3

6 (선 잇기)

7 9, 1에 ○표, 16

8

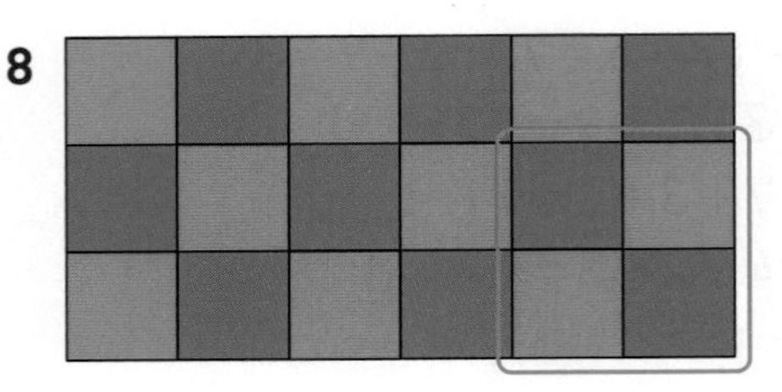

9 8

10 ⑤

11 5시 30분

12 12, 30, 5

13 >

14 12, 2

15 2, 13

16 $4+9=13$, 13개

17 (모범 답안) ❶ ♥ — ♣ — ◆이 반복되는 규칙입니다.
❷ 마지막 카드는 ♥ 다음이므로 알맞은 모양은 ♣입니다. 답 ♣

18 $8-1-3=4$ / 4개

19 11

20

| 1 | 9 | 6 |
|---|---|---|
| 8 | 2 | 4 |

예 $6+4=10$, $8+2=10$

21 4, 지 / 5, 하 / 3, 철

22

| 7 + 8 = 15 | 4 | 10 | 5 |
|---|---|---|---|
| 4 | 2 | 8 + 5 = 13 | 14 |
| 6 | 4 | 2 | 7 + 6 = 13 |

23 예 80, 75, 70, 65 / 예 5씩 작아지는 규칙입니다.

24 4개

25 (위에서부터) 2, 3, 1

26 63

27 5대

28 14개, 12개

29 (모범 답안) ❶ 차가 가장 크려면 (가장 큰 수)−(가장 작은 수)이어야 합니다.
❷ $16>14>9>7$이므로
가장 큰 수: 16, 가장 작은 수: 7
❸ $16-7=9$ 답 9

30 15

### 풀이

1 짧은바늘이 4, 긴바늘이 12를 가리키므로 4시입니다.

3 8시 30분은 긴바늘이 6을 가리키도록 그립니다.

4 딸기 — 바나나 — 딸기가 반복되는 규칙이고 딸기를 ○, 바나나를 △로 나타냈습니다.

5 13을 10과 3으로 가르기 하고 10에서 4를 빼고 남은 6과 3을 더하면 9입니다.

6 두 수를 바꾸어 더해도 합이 같습니다.
$5+7=12$, $7+5=12$
$8+6=14$, $6+8=14$

7 9와 1을 더하면 10이 되고 10에 6을 더하면 16이 됩니다.

8 첫째 줄과 셋째 줄은 빨간색 — 파란색이 반복됩니다.
둘째 줄은 파란색 — 빨간색이 반복됩니다.

9 $4+1+3=8$
5
8

**참고**
세 수의 덧셈은 앞에서부터 두 수씩 차례대로 계산합니다.

10 $7+3=10$이므로 □=7입니다.

11 짧은바늘이 5와 6 사이에 있고, 긴바늘이 6을 가리키는 시각은 5시 30분입니다.

**12** • 점심을 먹는 시각: 시계의 짧은바늘이 12와 1 사이에 있고, 긴바늘이 6을 가리키므로 12시 30분입니다.
• 그네를 타는 시각: 시계의 짧은바늘이 5, 긴바늘이 12를 가리키므로 5시입니다.

**13** $10-1=9$ ➡ $9>8$

**14** 8과 4를 모으기 하면 12이고, 12는 10과 2로 가르기 할 수 있습니다.

**15** 8과 더해서 10이 되는 수는 2입니다.
➡ $3+2+8=3+10=13$

**16** (빨간색 풍선의 수)+(노란색 풍선의 수)
$=4+9=13$(개)
3 1

**17** 채점 기준

| | | |
|---|---|---|
| ❶ 모양이 반복되는 규칙을 찾음. | 2점 | 4점 |
| ❷ 마지막 카드에 알맞은 모양을 구함. | 2점 | |

**18** $8-1-3=4$(개)
7
4

**19** 주사위의 나온 눈의 수를 구하면 5와 6입니다. ➡ $5+6=11$

**20** 더해서 10이 되는 두 수는 6과 4, 8과 2입니다.
➡ 덧셈식: $6+4=10$ 또는 $4+6=10$,
$8+2=10$ 또는 $2+8=10$

**22** $8+5=13$, $7+6=13$

**23** 85부터 시작하여 일정한 수만큼 작아지는 규칙을 만듭니다.

**24** $12-3=9$, $6+8=14$이므로
$9<\square<14$에서 □ 안에 들어갈 수 있는 수는 10, 11, 12, 13입니다.
따라서 □ 안에 들어갈 수 있는 수는 모두 4개입니다.

**25** 만장굴: 3시, 성산일출봉: 4시 30분, 천지연 폭포: 1시
➡ 빠른 시각부터 쓰면 1시 → 3시 → 4시 30분이므로 먼저 구경한 곳부터 순서대로 쓰면 천지연 폭포 → 만장굴 → 성산일출봉입니다.

**26** 51부터 아래쪽으로 1칸 갈 때마다 6씩 커지는 규칙입니다.
따라서 51−57−63에서 🐰에 알맞은 수는 63입니다.

**27** (주차장에 있던 자동차 수)
+(더 들어온 자동차 수)
$=7+6=13$(대)
(주차장에 남아 있는 자동차 수)
$=13-$(잠시 후 나간 자동차 수)
$=13-8=5$(대)

**28**

| | 노란색 | 초록색 | 빨간색 |
|---|---|---|---|
| ■ 모양 | 4개 | 5개 | 5개 |
| ● 모양 | 7개 | 3개 | 2개 |

■ 모양: $4+5+5=14$(개)
10
14

● 모양: $7+3+2=12$(개)
10
12

**29** 채점 기준

| | | |
|---|---|---|
| ❶ 차가 가장 크게 되는 조건을 앎. | 1점 | 4점 |
| ❷ 가장 큰 수와 가장 작은 수를 구함. | 1점 | |
| ❸ 차가 가장 클 때의 두 수의 차를 구함. | 2점 | |

**30** 11은 5와 6으로 가르기 할 수 있으므로 $11-6=5$에서 ▲$=6$입니다.
▲$=6$이므로 ▲$+9=$★에서 $6+9=$★, ★$=15$입니다.

## 1회 실전 모의고사 41~44쪽

1 6, 2
2 ( ○ )(  )(  )
3 2
4 아영
5 27
6 74개
7 ㉡
8 ▲ 모양
9 □, △, □
10 ㉡
11 16, 17, 18
12 $31+25=56$ / 56개
13 <
14 $15-8=7$ / 7개
15 84
16 예 $3+7+5=15$
17 31, 43
18 ■ 모양
19 ㉢
20 ③
21 83권
22 (모범 답안) ❶ ■ 모양: 6개, ▲ 모양: 5개, ● 모양: 7개
❷ $7>6>5$이므로 가장 많이 이용한 모양은 ● 모양입니다. 답 ● 모양
23 ㉢
24 ㉠
25 3, 1, 2
26 (모범 답안) ❶ (남학생 수)
=(여학생 수)+3
$=12+3=15$(명)
❷ (진훈이네 반 전체 학생 수)
$=12+15=27$(명)
➜ 진훈이네 반 학생은 모두 27명입니다. 답 27명
27 6개
28 15
29 8개
30 23

### 풀이

1 10개씩 묶음 6개와 낱개 2개는 62입니다.

참고
62에서 [6은 10개씩 묶음의 수 / 2는 낱개의 수

2 수학 교과서는 ■ 모양입니다.

3 $17-19-21-23-25$
17부터 시작하여 2씩 커지는 규칙입니다.

4 세 수의 뺄셈은 앞에서부터 두 수씩 순서대로 계산합니다.

5 $59-32=27$

6 10개씩 묶음 7개와 낱개 4개는 74이므로 구슬은 74개입니다.

7 ㉡은 12시 30분입니다.
1시 30분은 짧은바늘이 1과 2 사이에 있고, 긴바늘이 6을 가리키도록 그립니다.

8 ▲ 모양 5개로 꾸민 것입니다.

9 (캐스터네츠, 트라이앵글, 캐스터네츠)가 반복되는 규칙입니다.
(캐스터네츠)를 □, (트라이앵글)을 △로 나타냈습니다.

10 ㉠ $14-5=9$
10 4
㉢ $12-9=3$
10 2

11 $9+7=16$, $9+8=17$, $9+9=18$

참고
1씩 큰 수를 더하면 합도 1씩 커집니다.

12 (두 사람이 캔 고구마 수)
=(현주가 캔 고구마 수)
+(희정이가 캔 고구마 수)
$=31+25=56$(개)

**13** $3+8+2=13$

(3+8=10, 10+3=13)

➔ $13<15$

**14** (남은 초콜릿 수)
=(처음에 있던 초콜릿 수)
−(먹은 초콜릿 수)
$=15-8=7$(개)

**15** 여든넷: 84, 팔십칠: 87
➔ $84<87$

참고

$84 < 87$ (4<7)

10개씩 묶음의 수는 8로 같지만 84는 낱개가 4개이고 87은 낱개가 7개이므로 84가 87보다 더 작습니다.

**16** 전체 도넛의 수를 구하는 덧셈식은 $7+5+3=15$, $3+5+7=15$ 등으로 더하는 순서를 바꾸어도 합은 같습니다.

**17** 낱개끼리의 합이 4인 두 수를 찾아 합을 구해 봅니다.
➔ $12+52=64$(×), $31+43=74$(◯)

**18** 뾰족한 곳이 있는 모양은 ■, ▲ 모양입니다. 그중에서 국어사전을 본뜬 모양은 ■ 모양입니다.

참고

■ 모양: 뾰족한 곳이 4군데입니다.
▲ 모양: 뾰족한 곳이 3군데입니다.
● 모양: 뾰족한 곳이 없고, 둥근 부분이 있습니다.

**19** ㉠ $6+7=13$ (7 → 4, 3) ㉡ $5+6=11$ (6 → 5, 1)
㉢ $4+8=12$ (8 → 6, 2)

**20** (상자)-(공)-(원기둥) 모양이 반복되는 규칙입니다. □ 안에 들어갈 모양은 ● 모양입니다.
➔ ● 모양인 물건은 ③ 농구공입니다.

참고

모양이 반복되는 규칙을 찾아봅니다.

**21** 낱개 13권은 10권씩 묶음 1개, 낱개 3권과 같습니다.
➔ 공책은 10권씩 묶음 $7+1=8$(개), 낱개 3권과 같으므로 모두 83권입니다.

참고

낱개 13권의 10권씩 묶음의 수와 낱개의 수를 먼저 구합니다.

**22** 채점 기준

| | | |
|---|---|---|
| ❶ ■, ▲, ● 모양의 개수를 각각 구함. | 2점 | 4점 |
| ❷ 가장 많이 이용한 모양을 구함. | 2점 | |

참고

모양별로 서로 다른 표시를 해 가며 개수를 각각 세어 봅니다.

**23** $5+□+6=16$, $5+□=10$,
$5+5=10$이므로 $□=5$입니다.
➔ ㉠은 6개, ㉡은 7개, ㉢은 5개이므로 빈칸에 붙여야 하는 붙임딱지는 ㉢입니다.

**24** $1+9=10$이므로 ㉠$=9$입니다.
$6+4=10$이므로 ㉡$=6$입니다.
➔ $9>6$이므로 더 큰 것은 ㉠입니다.

참고

| | | |
|---|---|---|
| $1+9=10$ | $2+8=10$ | $3+7=10$ |
| $4+6=10$ | $5+5=10$ | $6+4=10$ |
| $7+3=10$ | $8+2=10$ | $9+1=10$ |

**25** • 잠자기: 9시 30분
• 저녁 식사: 6시
• 숙제하기: 7시 30분
➔ 빠른 시각부터 쓰면 6시 → 7시 30분 → 9시 30분이므로 ◯ 안에 순서대로 3, 1, 2를 써넣습니다.

**26** 채점 기준

| | | |
|---|---|---|
| ❶ 남학생 수를 구함. | 2점 | 4점 |
| ❷ 진훈이네 반 전체 학생 수를 구함. | 2점 | |

**27** 24보다 크고 36보다 작은 수는 24와 36 사이의 수이므로 25, 26, 27……, 34, 35입니다.
이 중에서 홀수는 25, 27, 29, 31, 33, 35이므로 모두 6개입니다.

참고
홀수: 1, 3, 5, 7, 9와 같이 둘씩 짝을 지을 수 없는 수

**28** 8과 9를 모으면 17이므로 $8+9=17$입니다. ➔ $\square=9$
따라서 상자에 6을 넣으면 $6+9=15$가 나옵니다.

**29** • ▽ 모양: 4개 • ◸ 모양: 4개
➔ $4+4=8$(개)

참고
▽ 모양 1개로 이루어진 모양의 수,
▽ 모양 2개로 이루어진 모양의 수를 각각 세어 구합니다.

**30** 어떤 수를 □라 하면 잘못 계산한 식은 $\square+12=47$입니다.
$\boxed{35}+12=47$이므로 $\square=35$입니다.
➔ 바른 계산: $35-12=23$

참고
어떤 수를 □라 하여 잘못 계산한 식을 먼저 만들어 봅니다.

## 2회 실전 모의고사 45~48쪽

**1** 2, 30
**2** 42
**3** (위에서부터) 12, 10
**4** 육십팔, 예순여덟
**5** ③
**6** ㉢
**7** (선 잇기)
**8** 5, 3, 2
**9** 리코더
**10** 100번
**11** 67, 25
**12** $25+30=55$ / 55문제
**13** 53, 48
**14** 예 2, 4, 1, 7
**15** 모범 답안 ❶ 짧은바늘이 가리키는 숫자: 2 → ㉠=2
❷ 긴바늘이 가리키는 숫자: 12 → ㉡=12
❸ ㉠+㉡=2+12=14 답 14
**16** ㉡
**17** 미술관
**18** $9-2-3=4$ / 4명
**19** ● 모양
**20** (선 잇기)
**21** ㉡
**22** 15번
**23** 4개
**24** 33
**25** 자동차
**26** 모범 답안 ❶ (어머니의 나이)+4 =(아버지의 나이)
➔ $35+4=39$(살)
❷ (아버지의 나이)−30 =(민정이의 나이)
➔ $39-30=9$(살)
따라서 민정이는 9살입니다. 답 9살
**27** 5개
**28** 15
**29** 6개
**30** 8

풀이

**1** 시계의 짧은바늘이 2와 3 사이에 있고, 긴바늘이 6을 가리키므로 2시 30분입니다.

참고
시계에서 짧은바늘은 시침, 긴바늘은 분침을 나타냅니다.

**2** 남은 모형은 10개씩 묶음 4개와 낱개 2개이므로 47−5=42입니다.

**3** 4와 6을 더하면 10이 되고 2에 10을 더하면 12가 됩니다.

**4** 68은 육십팔 또는 예순여덟이라고 읽습니다.

주의
육십여덟이나 예순팔이라고 읽지 않도록 주의합니다.

**5** ■, ▲ 모양을 이용하여 물고기를 만들었습니다.

**6** ㉢ 여든은 80이라고 씁니다.
90 ➔ 구십, 아흔

**7** • 시계의 짧은바늘이 9, 긴바늘이 12를 가리키므로 9시입니다.
• 시계의 짧은바늘이 3, 긴바늘이 12를 가리키므로 3시입니다.

참고
디지털시계에서 ':'의 앞은 '시'를, 뒤는 '분'을 나타냅니다.

**8** 모양별로 서로 다른 표시를 해 가며 개수를 각각 세어 봅니다.

**9** 리코더 - 탬버린 - 리코더가 반복되는 규칙이므로 □ 안에 알맞은 악기는 리코더입니다.

**10** 99보다 1만큼 더 큰 수는 100이므로 99번 다음에 꽂을 책의 번호는 100번입니다.

**11** 합: $\begin{array}{r} 46 \\ +21 \\ \hline 67 \end{array}$, 차: $\begin{array}{r} 46 \\ -21 \\ \hline 25 \end{array}$

**12** (1회의 문제 수)+(2회의 문제 수)
=25+30=55(문제)

참고
낱개는 낱개끼리, 10개씩 묶음은 10개씩 묶음끼리 더합니다.

**13** 73−68−63−58 ➔ 73부터 시작하여 5씩 작아지는 규칙입니다.
➔ 58 　 53 　 48
5만큼 더 작은 수 5만큼 더 작은 수

참고
수 배열에서 규칙을 찾을 때에는 반복되는 수 또는 일정한 수만큼 커지거나 작아지는지 살펴봅니다.

**14** 1반이 넣은 골은 2골, 4골, 1골입니다.
➔ 2+4+1=7(골)

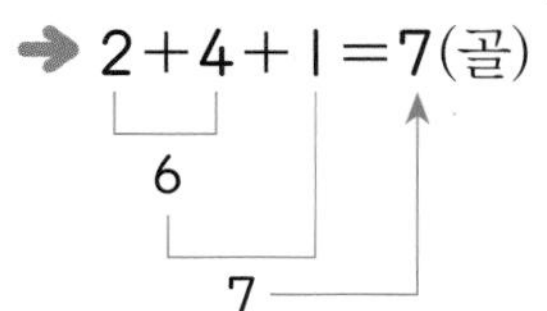


**15** 채점 기준

| | | |
|---|---|---|
| ❶ 짧은바늘이 가리키는 숫자 ㉠을 구함. | 1점 | 3점 |
| ❷ 긴바늘이 가리키는 숫자 ㉡을 구함. | 1점 | |
| ❸ ㉠과 ㉡에 알맞은 수의 합을 구함. | 1점 | |

**16** 본뜬 모양은 뾰족한 곳이 없으므로 ● 모양입니다.
➔ ● 모양을 본뜬 물건은 ㉡ 동전입니다.

**17** 10개씩 묶음의 수를 비교하면 80이 가장 크고, 79와 75를 비교하면 79>75이므로 가장 작은 수는 75입니다.
75<79<80이므로 가장 가까운 곳에 있는 것은 미술관입니다.

**18** 9−2−3=4(명)

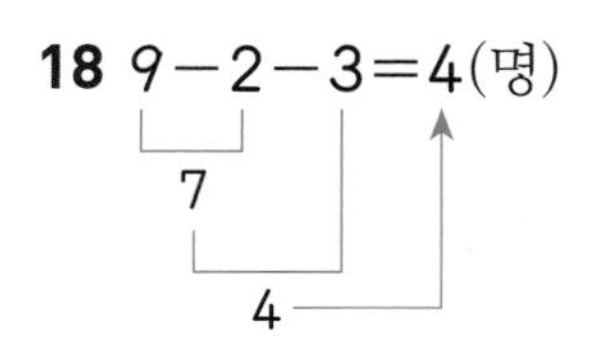


참고

세 수의 뺄셈은 반드시 앞에서부터 두 수씩 차례로 계산해야 합니다.

**19**

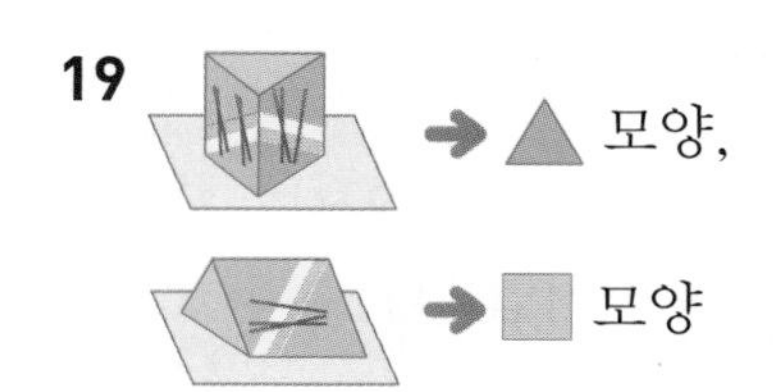


**20**
- 10−4=6 ➔ □=4
- 10−7=3 ➔ □=7
- 10−1=9 ➔ □=1
- 7+3=10 ➔ □=7
- 9+1=10 ➔ □=1
- 4+6=10 ➔ □=4

**21** ㉠ 14−8=6
㉡ 12−7=5
㉢ 15−9=6

**22** 솔: 7번, 레: 8번
➔ 7+8=15(번)
3 5

참고

7과 더해서 10이 되도록 8을 3과 5로 가르기 하여 계산합니다.

**23** 6과 8을 모으기 하면 14입니다.
14는 10과 4로 가르기 할 수 있으므로 상자에 사탕 10개를 담고 남은 사탕은 4개입니다.

**24** 어떤 수를 □라 하면 잘못 계산한 식은 68−□=35입니다.
68−[33]=35이므로 □=33입니다.

참고

어떤 수를 □라 하여 잘못 계산한 식을 만듭니다.

**25** 왼쪽 로켓은 □ 모양 1개를 사용하지 않았습니다.

**26** 채점 기준

| | | |
|---|---|---|
| ❶ 아버지의 나이를 구함. | 2점 | 4점 |
| ❷ 민정이의 나이를 구함. | 2점 | |

**27** 먹은 쿠키의 수를 □개라 하고 뺄셈식을 쓰면 13−□=8입니다.
13−[5]=8이므로 먹은 쿠키는 5개입니다.

**28** 1+2+8=11, 4+7+3=14,
3+9+1=13이므로 가운데의 수는 바깥쪽의 세 수를 더한 값이 되는 규칙입니다.
➔ 5+6+4=15

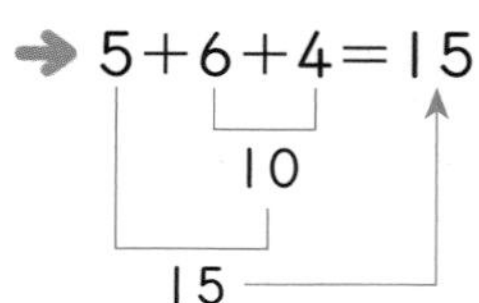


**29** 2, 6이 짝수이므로 날개의 수가 2, 6인 몇십몇을 만듭니다.
[5]2, [6]2, [9]2, [2]6, [5]6, [9]6
➔ 6개

참고

짝수: 2, 4, 6, 8, 10과 같이 둘씩 짝을 지을 수 있는 수

**30** 현우가 고른 카드에 적힌 두 수의 합은 4+9=13입니다. 7과 합하여 13보다 커지게 하는 수는
7+6=13(×), 7+8=15(○)이므로 8입니다.
따라서 민지는 8이 적힌 카드를 뽑아야 합니다.

## 3회 실전 모의고사 49~52쪽

1 7
2 8
3 ■ 모양
4 5
5 48
6

7 2, 4, 2
8 ㉡
9 4개
10 ②, ③
11 $>$
12 54, 86
13 6개
14 $14+3=17$ / 17송이
15 4자루
16 78명
17 ㉡
18 소희
19 ▲ 모양
20 ㉡
21 (모범 답안) ❶ 세 수의 뺄셈은 앞에서부터 두 수씩 차례로 계산해야 하는데 뒤에 있는 두 수를 먼저 계산하였습니다.

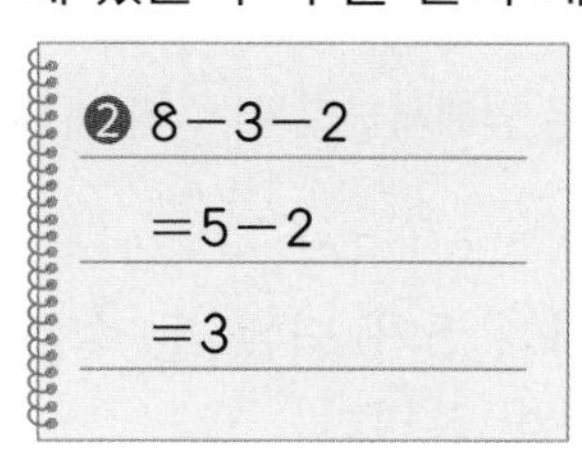

❷ $8-3-2$
$=5-2$
$=3$

22 78, 43
23 진영
24 4
25 65개
26 11살
27 9개
28 (모범 답안) ❶ 지아: $13-5=8$,
❷ 은미: $11-4=7$
❸ $8>7$이므로 이긴 사람은 지아입니다.
답 지아
29 5개
30 7개

**풀이**

1 시계의 짧은바늘이 7을 가리키고, 긴바늘이 12를 가리키므로 7시입니다.

**참고**
시계의 짧은바늘이 ■를 가리키고 긴바늘이 12를 가리키면 ■시입니다.

2 구슬 10개에서 2개를 빼면 8개입니다.

3 지우개, 휴대전화, 공책은 모두 ■ 모양입니다.

4 15는 10과 5로 가르기 할 수 있습니다.

5 $35+13=48$

**다른 풀이**

$$\begin{array}{r} 35 \\ +13 \\ \hline 48 \end{array}$$

10개씩 묶음은 10개씩 묶음끼리, 낱개는 낱개끼리 더합니다.

6 2시 30분은 짧은바늘이 2와 3 사이에 있고, 긴바늘이 6을 가리키게 그립니다.

**참고**
'몇 시 30분'을 시계에 나타낼 때에는 긴바늘이 6을 가리키게 그립니다.

7 강아지와 닭이 반복되고 강아지는 4로, 닭은 2로 나타냈습니다.

**참고**
강아지의 다리는 4개, 닭의 다리는 2개입니다.

8 ㉡ 아흔은 90이라고 씁니다.

**참고**

| | → | | |
|---|---|---|---|
| 10개씩 6묶음 | | 60 | 육십, 예순 |
| 10개씩 7묶음 | | 70 | 칠십, 일흔 |
| 10개씩 8묶음 | | 80 | 팔십, 여든 |
| 10개씩 9묶음 | | 90 | 구십, 아흔 |

9 ■ 모양: 액자, 문제집, 엽서 → 3개
▲ 모양: 삼각자, 트라이앵글 → 2개
● 모양: 동전, 시계, 훌라후프, 과녁판 → 4개

**10** 78부터 81까지의 수를 차례로 쓰면 78 − 79 − 80 − 81입니다.
따라서 78과 81 사이에 있는 수는 79, 80입니다.

**11** 7+8=15 ⊘(>) 14

**12** 62−70−78에서 8씩 커지므로 46부터 8씩 커지는 규칙이므로 8만큼 더 큰 수를 차례로 씁니다.
46 − 54 − 62 − 70 − 78 − 86

주의
연속된 두 수를 먼저 찾아 규칙을 찾습니다.
62−70에서 8씩 커지는 규칙임을 알 수 있습니다.

**13** 왼손에 있는 바둑돌은 4개입니다. 4와 더해서 10이 되는 수는 6이므로 오른손에는 바둑돌이 6개 있습니다.

참고
10이 되는 더하기의 덧셈식
➔ 1+9=10, 2+8=10, 3+7=10, 4+6=10, 5+5=10, 6+4=10, 7+3=10, 8+2=10, 9+1=10

**14** (어제까지 핀 꽃의 수)+(오늘 핀 꽃의 수)
=14+3=17(송이)

**15** (더 필요한 연필 수)
=(나누어 줄 어린이 수)
−(지금 있는 연필 수)
=13−9=4(자루)

**16** (마라톤 대회에 참가한 선수)
=(참가한 남자 선수)+(참가한 여자 선수)
=47+31=78(명)

**17** 오른쪽은 ▲ 모양을 본뜬 그림입니다.
▲ 모양을 찾으면 ㉡입니다.

**18** 52>50>47이므로 오이를 가장 많이 딴 사람은 소희입니다.

참고
몇십몇에서 10개씩 묶음의 수를 먼저 비교하고 10개씩 묶음의 수가 같을 때에는 낱개의 수를 비교합니다.

**19** ■ 모양: 3개, ▲ 모양: 4개,
● 모양: 2개
➔ 4>3>2이므로 가장 많이 이용한 모양은 ▲ 모양입니다.

참고
각 모양을 셀 때에는 ∨표나 ○표 등을 하면서 중복되거나 빠뜨리지 않게 세어 봅니다.

**20** ㉠ 16−8=8 ㉡ 14−7=7
㉢ 12−4=8
따라서 차가 다른 하나는 ㉡입니다.

**21** 채점 기준

| | | |
|---|---|---|
| ❶ 틀린 이유를 바르게 씀. | 2점 | 4점 |
| ❷ 바르게 계산하여 답을 구함. | 2점 | |

참고
세 수의 뺄셈은 앞에서부터 두 수씩 계산해야 합니다.

**22** 낱개끼리의 차가 5가 되는 두 수를 찾아 뺄셈식을 만들어 봅니다.
88−43=45(×), 78−43=35(○)

**23** 한석이는 6시, 진영이는 8시, 성철이는 6시 30분에 일어났습니다.
따라서 아영이보다 늦게 일어난 어린이는 진영입니다.

참고
7시보다 늦은 시각은 7시를 지난 시각입니다.

**24** 2+8=10 → ◆=8
10−6=4 → ▲=4
➔ ◆−▲=8−4=4

25 낱개 25개는 10개씩 묶음 2개, 낱개 5개와 같습니다.
➜ 귤은 10개씩 묶음 4+2=6(개), 낱개 5개와 같으므로 모두 65개입니다.

26 (어머니의 나이)
=(아버지의 나이)−5
=47−5=42(살)
(형의 나이)
=(어머니의 나이)−31
=42−31=11(살)

27 70과 90 사이에 있는 수는 71, 72, 73……, 88, 89이고 이 중에서 짝수는 72, 74, 76, 78, 80, 82, 84, 86, 88로 모두 9개입니다.

주의
70과 90 사이에 있는 수에는 70과 90이 포함되지 않습니다.

28 채점 기준

| | | |
|---|---|---|
| ❶ 지아가 고른 두 수의 차를 구함. | 1점 | 4점 |
| ❷ 은미가 고른 두 수의 차를 구함. | 1점 | |
| ❸ 누가 이겼는지 바르게 구함. | 2점 | |

참고
두 수의 차를 구할 때에는 큰 수에서 작은 수를 뺍니다.

29 □ 모양: 3개, □□ 모양: 2개
따라서 크고 작은 □ 모양은 모두 3+2=5(개)입니다.

30 볼링 핀을 준서는 6개 쓰러뜨렸고, 윤재는 10개의 볼링 핀 중에서 2개가 쓰러지지 않고 남았으므로 8개를 쓰러뜨렸습니다. 6<8이고 6보다 크고 8보다 작은 수는 7입니다.
따라서 수민이가 두 번째로 많이 쓰러뜨렸으므로 수민이는 볼링 핀을 7개 쓰러뜨렸습니다.

## 4회 실전 모의고사 53~56쪽

1 22
2 9
3 ㉠
4 4, 10
5 ②, ④
6 88, 90
7 ㉡
8 13
9 ( )(○)( )
10 11권
11 3마리
12 24
13 5개
14 윤재
15 운동하기
16 7, 15
17 26
18 3+4+6=13 / 13자루
19 ㉢, ㉡, ㉠
20 (위에서부터) 7, 4
21 1, 2, 3, 4
22 8시 30분
23 5권
24 6개
25 15개
26 △ 모양, 8개
27 (모범 답안) ❶ ●+●+●=9에서 3+3+3=9이므로 ●=3
❷ 10−●=☆ ➜ 10−3=7이므로 ☆=7
답 7
28 10개
29 72
30 (모범 답안) ❶ 더해서 7이 되는 두 수는 (7, 0), (6, 1), (5, 2), (4, 3)입니다.
❷ 10개씩 묶음의 수가 낱개의 수보다 1만큼 더 큰 수이므로 10개씩 묶음의 수는 4, 낱개의 수는 3입니다.
❸ 따라서 지우가 생각한 수는 43입니다.
답 43

풀이

1 당근 26개에서 4개를 /으로 지웠으므로 남은 당근은 26−4=22(개)입니다.

2 96은 10개씩 묶음 9개와 낱개 6개입니다.

참고
96은 구십육 또는 아흔여섯이라고 읽습니다.

**3** ㉠은 1시, ㉡은 12시를 나타냅니다.

**참고**

짧은바늘과 긴바늘이 모두 12를 가리키는 시각은 12시입니다.

**4** 모자 6개와 모자 4개를 세어 보면 모두 10개입니다. 이것을 덧셈식으로 나타내면 $6+4=10$입니다.

**5** ■ 모양의 물건: ② 지폐, ④ 편지 봉투

▲ 모양의 물건: ③ 트라이앵글

● 모양의 물건: ① CD, ⑤ 접시

**6** 89보다 1만큼 더 작은 수는 89 바로 앞의 수인 88이고 89보다 1만큼 더 큰 수는 89 바로 다음 수인 90입니다.

**참고**

1만큼 더 작은 수는 바로 앞의 수이고 1만큼 더 큰 수는 바로 다음 수입니다.

**7** ㉠과 ㉢은 ● 모양이고, ㉡은 ■ 모양입니다.

**8** $6+7=13$

**9** 뾰족한 곳이 모두 3군데인 모양은 ▲ 모양입니다.

**참고**

■ 모양 ➔ 뾰족한 곳이 4군데입니다.

● 모양 ➔ 뾰족한 곳이 없습니다.

**10** 빨간색 책: 6권, 파란색 책: 5권
빨간색 책과 파란색 책은 모두
$6+5=11$(권)입니다.

**참고**

덧셈, 뺄셈의 활용

| 모두 ~일까요?<br>~와 ~를 합하면 ~일까요? | ➔ 덧셈 |
| --- | --- |
| 남은 것은 ~일까요?<br>~보다 얼마나 더 많(적)을까요? | ➔ 뺄셈 |

**11** (남은 물고기 수)
$=$(처음에 있던 물고기 수)
$-$(꺼낸 물고기 수)
$=10-7=3$(마리)

**12** $36>12$이므로 $36-12=24$

**13** ● 모양의 수를 세어 보면 5개입니다.

**14** 은행에서는 번호표의 수가 작을수록 더 먼저 온 것입니다.

따라서 $87<91$이므로 은행에 더 먼저 온 사람은 윤재입니다.

**주의**

은행에서는 먼저 온 순서대로 번호표를 받으므로 더 큰 수를 찾지 않도록 주의합니다.

**15** 공부하기: 1시 30분

운동하기: 2시 30분

TV 보기: 4시 30분

**참고**

시계의 긴바늘이 모두 6을 가리키므로 '몇 시 30분'입니다.

**16** 3과 7을 더하면 10이 되므로 ○ 안에 알맞은 수는 7이고

$5+3+7=5+10=15$입니다.

**17** 아래로 한 칸씩 내려갈 때마다 6씩 커지는 규칙입니다. 14보다 6만큼 더 큰 수는 20, 20보다 6만큼 더 큰 수는 26이므로 ♥에 알맞은 수는 26입니다.

**18** $3+4+6=13$(자루)

(4+6=10, 3+10=13)

**참고**

식을 세운 후 먼저 10이 되는 두 수를 찾아 계산하는 것이 편리합니다.

**19** ㉠ $11-4=7$ ㉡ $17-9=8$
㉢ $15-6=9$
따라서 $9>8>7$이므로 계산 결과가 큰 것부터 차례로 기호를 쓰면 ㉢, ㉡, ㉠입니다.

**20**
$$\begin{array}{r} 9\ \boxed{㉠} \\ -\ \boxed{㉡}\ 4 \\ \hline 5\ \ 3 \end{array}$$

- ㉠$-4=3$, $3+4=$㉠, ㉠$=7$
- $9-$㉡$=5$, $9-5=$㉡, ㉡$=4$

**참고**
낱개끼리의 계산에서 ㉠에 알맞은 수를 찾고, 10개씩 묶음끼리의 계산에서 ㉡에 알맞은 수를 찾습니다.

**21** $\square4+14=68$ ➔ $\boxed{5}4+14=68$이므로 □ 안에는 5보다 작은 수인 1, 2, 3, 4가 들어갈 수 있습니다.

**참고**
$>$, $<$의 기호를 $=$로 바꾸어 생각하면 계산하기 더 편리합니다.

**22** 거울에 비친 시계의 짧은바늘이 8과 9 사이에 있고, 긴바늘이 6을 가리키므로 8시 30분입니다.

**참고**
거울에 비친 시계의 시각은 두 바늘이 가리키는 위치를 확인하면 됩니다.

**23** 친구에게 받은 동화책의 수를 □권이라 하고 덧셈식을 쓰면 $9+\square=14$입니다.
14는 9와 5로 가르기 할 수 있으므로 $9+5=14$에서 $\square=5$입니다.

**24** 62보다 크고 76보다 작은 수는 63, 64, 65……, 74, 75이고 이 중에서 짝수는 64, 66, 68, 70, 72, 74로 모두 6개입니다.

**참고**
짝수: 2, 4, 6, 8, 10과 같이 둘씩 짝을 지을 수 있는 수
홀수: 1, 3, 5, 7, 9와 같이 둘씩 짝을 지을 수 없는 수

**25** (지금까지 예지가 접은 종이학의 수)
$=11-4=7$(개)
예지가 종이학을 8개 더 접는다면 접은 종이학은 모두 $7+8=15$(개)가 됩니다.

**26**
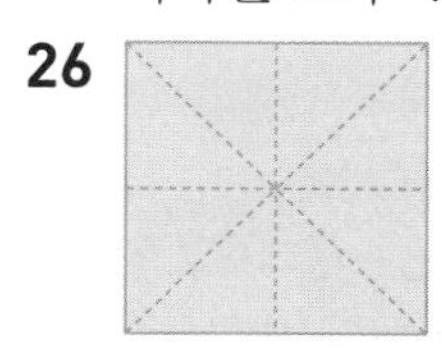
색종이를 펼친 모양은 왼쪽 그림과 같습니다. 따라서 접은 선을 따라 모두 자르면 ▲ 모양이 8개 나옵니다.

**27** 채점 기준

| | | |
|---|---|---|
| ❶ ●에 알맞은 수를 구함. | 2점 | 4점 |
| ❷ ☆에 알맞은 수를 구함. | 2점 | |

**28** ● ○ ●가 반복되는 규칙입니다.
바둑돌을 15개 늘어놓으면
● ○ ● ● ○ ● ● ○ ● ● ○ ● ● ○ ●
이므로 검은색 바둑돌은 10개 놓입니다.

**29** 두 수의 차가 가장 크려면 가장 큰 수에서 가장 작은 수를 빼면 됩니다.
➔ 가장 큰 수는 85, 가장 작은 수는 13이므로 차는 $85-13=72$입니다.

**참고**
- 가장 큰 몇십몇 만들기
  10개씩 묶음의 수를 가장 크게 하고, 두 번째로 큰 수를 낱개의 수로 합니다.
- 가장 작은 몇십몇 만들기
  10개씩 묶음의 수를 가장 작게 하고, 두 번째로 작은 수를 낱개의 수로 합니다.

**30** 채점 기준

| | | |
|---|---|---|
| ❶ 더해서 7이 되는 두 수를 모두 구함. | 1점 | 4점 |
| ❷ 10개씩 묶음의 수와 낱개의 수를 구함. | 2점 | |
| ❸ 지우가 생각한 수를 구함. | 1점 | |

## 1회 심화 모의고사 57~60쪽

1 4, 7

2 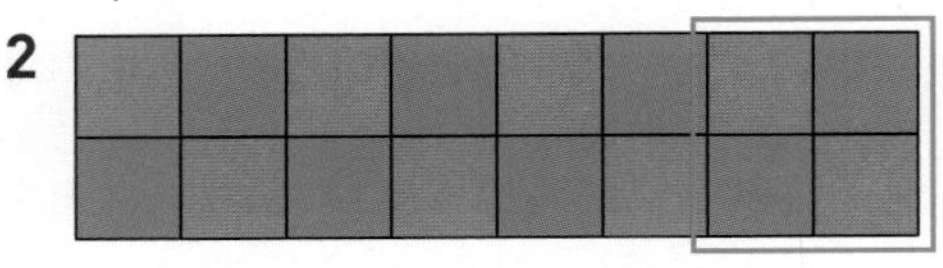

3 (시계: 7시 30분)

4 4개

5 80, 20

6 90

7 ㉡

8 ■ 모양

9 51, 55, 59에 색칠

10 75개

11 $16-7=9$ / 9명

12 3

13 숙제하기

14 윤재

15 6

16 $3+5+1=9$ / 9개

17 91, >, 90

18 6개

19 73, 69, 47

20 유리

21 7개

22 모범 답안 ❶ ■ 모양: 7개, ▲ 모양: 2개, ● 모양: 9개이므로 ❷ 가장 많이 이용한 모양은 ● 모양이고 가장 적게 이용한 모양은 ▲ 모양입니다.
❸ 따라서 ● 모양은 ▲ 모양보다 $9-2=7$(개) 더 많습니다. 답 7개

23 7, 8 / 9, 6

24 모범 답안 ❶ (1반의 전체 학생 수) $=22+15=37$(명)
❷ (2반의 전체 학생 수) $=17+21=38$(명)
❸ 따라서 2반의 전체 학생 수가 $38-37=1$(명) 더 많습니다.
답 2반, 1명

25 6쪽

26 8

27 41

28 69, 70, 71, 61

29 8개

30 민경

### 풀이

1 참외가 2개, 수박이 1통, 사과가 4개이므로 $2+1+4=3+4=7$입니다.

2 첫째 줄은 빨간색 — 초록색이 반복되고 둘째 줄은 초록색 — 빨간색이 반복됩니다.

3 7시 30분은 짧은바늘이 7과 8 사이에 있고, 긴바늘이 6을 가리키도록 그립니다.

4 ■ 모양의 물건을 찾아보면 교통카드, 엽서, 사진, 지폐로 모두 4개입니다.

5 합: $\begin{array}{r} 50 \\ +30 \\ \hline 80 \end{array}$ 차: $\begin{array}{r} 50 \\ -30 \\ \hline 20 \end{array}$

**참고**
두 수의 차를 구할 때에는 큰 수에서 작은 수를 뺍니다.

6 85부터 수를 순서대로 쓰면
85 — 86 — 87 — 88 — 89 — 90
이므로 ㉠에 알맞은 수는 90입니다.

7 ㉠ $4+9=13$ ㉡ $5+7=12$
㉢ $8+6=14$
➔ 잘못 계산한 것은 ㉡입니다.

8 뾰족한 곳이 4군데인 모양은 ■ 모양입니다.

9 31부터 시작하여 4씩 커지는 규칙입니다.

**다른 풀이**
31부터 시작하여 4씩 뛰어 세는 규칙입니다.

10 10개씩 묶음 4개와 낱개 35개입니다.
낱개 35개는 10개씩 묶음 3개와 낱개 5개와 같습니다.
따라서 10개씩 묶음 $4+3=7$(개)와 낱개 5개와 같으므로 모두 75개입니다.

**참고**
75는 칠십오 또는 일흔다섯이라고 읽습니다.

**11** (남아 있는 어린이 수)
=(처음에 있던 어린이 수)
−(돌아간 어린이 수)
=16−7=9(명)

**12**

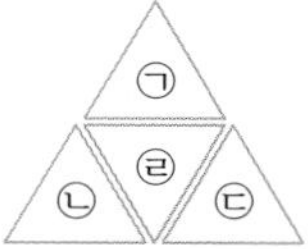


➜ ㉠−㉡−㉢=㉣이므로
7−1−3=6−3=3입니다.

**13** 저녁 식사: 7시, 숙제하기: 5시 30분이므로 더 먼저 한 일은 숙제하기입니다.

**참고**

7시와 5시 30분 중 더 이른 시각을 찾습니다.

**14** (수민이가 가진 사탕 수)
=10−3=7(개)
➜ 7개<8개이므로 사탕을 더 많이 가지고 있는 사람은 윤재입니다.

**15** 8+□=14에서 8과 6을 모으면 14입니다.
➜ □=6

**16** (농구공 수)+(축구공 수)+(탁구공 수)
=3+5+1=9(개)

**참고**

모두 ~일까요?이므로 덧셈식을 만듭니다.

**17** 92보다 1만큼 더 작은 수: 91
89보다 1만큼 더 큰 수: 90
➜ 91>90

**참고**

- 92보다 1만큼 더 작은 수는 92 바로 앞의 수인 91입니다.
- 89보다 1만큼 더 큰 수는 89 바로 다음 수인 90입니다.

**18** 본뜬 모양은 모양입니다.
만든 모양에서 모양은 6개입니다.

**19** : 40+33=73 : 45+24=69
: 12+35=47

**20** 만들 수 있는 더 큰 수는 유리가 61, 준석이가 54입니다. ➜ 61>54이므로 더 큰 수를 만들 수 있는 어린이는 유리입니다.

**21** 펼친 손가락이 5개 − 5개 − 2개가 반복되는 규칙이므로 빈칸에는 펼친 손가락 5개, 2개 그림이 들어갑니다.
따라서 빈칸에 들어갈 펼친 손가락은 모두 7개입니다.

**22** 채점 기준

| 채점 기준 | 점수 | 총점 |
|---|---|---|
| ❶ 이용한 모양의 수를 각각 구함. | 1점 | 4점 |
| ❷ 가장 많은 모양과 가장 적은 모양을 구함. | 2점 | |
| ❸ 가장 많은 모양과 가장 적은 모양의 개수의 차를 구함. | 1점 | |

**23** 이 있는 칸에 들어갈 덧셈식은 8+7입니다. ➜ 8+7=15
합이 15인 덧셈식은 7+8과 9+6입니다.

**참고**

| 7+6=13 | 7+7=14 | 7+8=15 |
|---|---|---|
| 8+6=14 | 8+7=15 | 8+8=16 |
| 9+6=15 | 9+7=16 | 9+8=17 |

왼쪽 수가 1씩 커지므로 합도 1씩 커집니다.

**24** 채점 기준

| 채점 기준 | 점수 | 총점 |
|---|---|---|
| ❶ 1반의 전체 학생 수를 구함. | 1점 | 4점 |
| ❷ 2반의 전체 학생 수를 구함. | 1점 | |
| ❸ 어느 반의 전체 학생 수가 몇 명 더 많은지 구함. | 2점 | |

**25** (민주가 읽은 동화책 쪽수)
=(진수가 읽은 동화책 쪽수)+7
=3+7=10(쪽)
(수희가 읽은 동화책 쪽수)
=(민주가 읽은 동화책 쪽수)−4
=10−4=6(쪽)

**26** 진우가 꺼낸 공에 적힌 두 수의 합은 $2+9=11$입니다.
4와 합하여 11보다 커지게 하는 수는 $4+6=10(\times)$, $4+7=11(\times)$, $4+8=12(\bigcirc)$이므로 8입니다.
따라서 승희는 8이 적힌 공을 꺼내야 합니다.

**27** $31+24=55$ ➜ $97-\square>55$
$97-\boxed{42}=55$에서 □ 안에 들어갈 수 있는 수는 42보다 작은 수이므로 □ 안에 들어갈 수 있는 가장 큰 수는 41입니다.

**28** 69 —1만큼 더 큰 수→ 70 —1만큼 더 큰 수→ 71

↑10만큼 더 큰 수 (59 → 69), ↓10만큼 더 작은 수 (71 → 61)

59　　　　　　　　61

**참고**
- 1만큼 더 큰(작은) 수: 낱개의 수가 1 큽니다.(작습니다.)
- 10만큼 더 큰(작은) 수: 10개씩 묶음의 수가 1 큽니다.(작습니다.)

**29** ▲ 모양: 6개, (큰 ▲) 모양: 2개
➜ $6+2=8$(개)

**참고**
▲ 모양 1개, ▲ 모양 4개로 이루어진 모양의 수를 각각 세어 봅니다.

**30** 현수가 가지고 있는 구슬의 수: 11개
(민경이가 가지고 있는 구슬의 수)
$=11+12=23$(개)
(현수와 민경이가 가지고 있는 구슬의 수)
$=11+23=34$(개)
(진영이가 가지고 있는 구슬의 수)
$=49-34=15$(개)
➜ $23>15>11$이므로 구슬을 가장 많이 가지고 있는 어린이는 민경입니다.

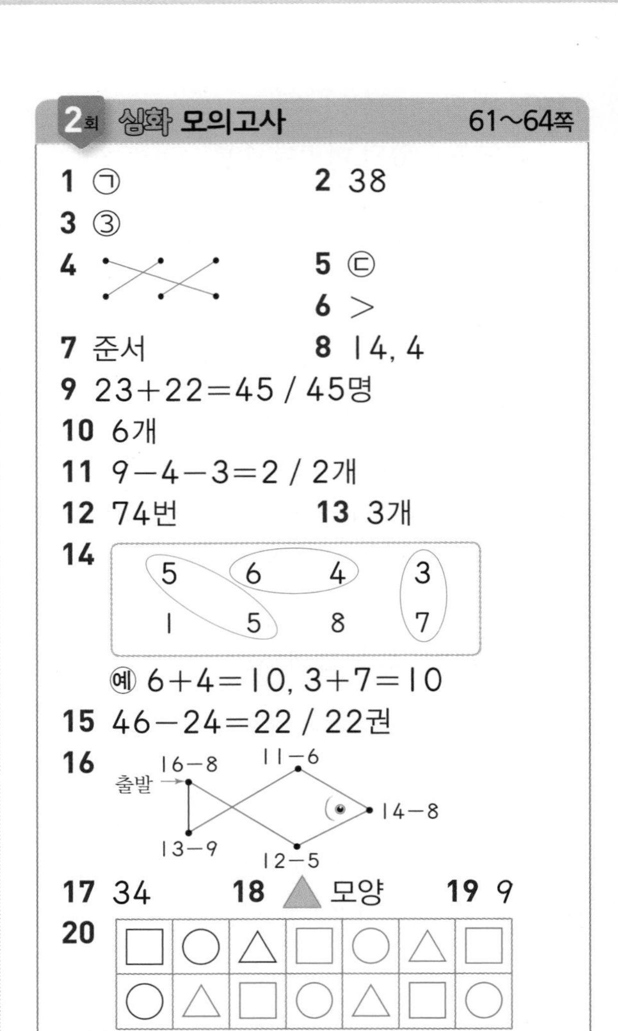

## 2회 심화 모의고사 61~64쪽

1 ㉠　　2 38
3 ③
4 (선 잇기)
5 ㉢
6 >
7 준서　　8 14, 4
9 $23+22=45$ / 45명
10 6개
11 $9-4-3=2$ / 2개
12 74번　　13 3개
14 (5, 6, 4, 3 / 1, 5, 8, 7 에서 묶기)
예 $6+4=10$, $3+7=10$
15 $46-24=22$ / 22권
16

17 34　　18 ▲ 모양　　19 9
20

| □ | ○ | △ | □ | ○ | △ | □ |
| --- | --- | --- | --- | --- | --- | --- |
| ○ | △ | □ | ○ | △ | □ | ○ |

**21** 모범 답안 ❶ 얻은 점수의 합을 구하면 종현이는 $9+5=14$(점), ❷ 민성이는 $7+8=15$(점)입니다.
❸ $14<15$이므로 얻은 점수의 합이 더 높은 사람은 민성입니다.　답 민성

22 영찬　　23 2개
24 57　　25 아버지
26 79　　27 (왼쪽부터) 7, 8
28 2자루　　29 6개

**30** 모범 답안 ❶ 13은 6과 7로 가르기 할 수 있으므로 ♥=6입니다.
❷ ♥=6이므로 ♥+9=▲에서 6+9=▲, ▲=15입니다.
❸ ▲=15이므로 ▲−8=★에서 15−8=★, ★=7입니다.　답 7

풀이

**1** ㉠ 접시는 ● 모양이므로 뾰족한 곳이 없습니다.

참고

| ■ 모양 | ▲ 모양 | ● 모양 |
|---|---|---|
| 뾰족한 곳이 4군데 있음. | 뾰족한 곳이 3군데 있음. | 뾰족한 곳이 없음. |

**2** $31+7=38$

**3** ① 56 ➔ 오십육, 쉰여섯
② 95 ➔ 구십오, 아흔다섯
④ 74 ➔ 칠십사, 일흔넷
⑤ 83 ➔ 팔십삼, 여든셋

**5** ㉠ 5시 30분, ㉡ 5시 30분, ㉢ 6시
➔ 나타내는 시각이 나머지와 다른 하나는 ㉢입니다.

**6** $5+3+7=5+10=15$
➔ $15>10$

참고
세 수를 더할 때 10이 되는 두 수를 먼저 더하여 계산합니다.

**7** 100은 99보다 1만큼 더 큰 수이므로 틀리게 말한 사람은 준서입니다.

**8** 5와 9를 모으면 14이고, 14는 10과 4로 가르기 할 수 있습니다.

**9** (진이네 반 전체 학생 수)
=(남학생 수)+(여학생 수)
$=23+22=45$(명)

**10** 한 상자에는 공을 10개씩 담을 수 있습니다.
빨간 공은 10개씩 묶음 6개로 60개이므로 공을 모두 담으려면 상자는 6개 필요합니다.

**11** (남아 있는 귤의 수)
=(처음 있던 귤의 수)−(내가 먹은 귤의 수)−(동생이 먹은 귤의 수)
$=9-4-3=5-3=2$(개)

주의
세 수의 뺄셈은 반드시 앞에서부터 차례대로 계산합니다.

**12** 혜선이가 좌석 대기표를 뽑을 때 시각은 1시 30분입니다. 시각이 1시 30분인 표의 대기 번호는 74번입니다.

**13** ➔ ▲ 모양은 모두 3개입니다.

**14** 더해서 10이 되는 두 수는 6과 4, 3과 7입니다.
➔ 덧셈식: $6+4=10$ 또는 $4+6=10$
$3+7=10$ 또는 $7+3=10$

**15** (남은 동화책의 수)
=(처음 있던 동화책의 수)−(학생의 수)
$=46-24=22$(권)

**16** $16-8=8$, $12-5=7$, $14-8=6$, $11-6=5$, $13-9=4$의 순서로 점을 잇습니다.

**17** $57-\square=23$ ➔ $57-\boxed{34}=23$이므로 $\square=34$입니다.

**18** ■ 모양: 4개,
▲ 모양: 6개,
● 모양: 5개
➔ $6>5>4$이므로 ▲ 모양을 가장 많이 이용했습니다.

주의
모양의 수를 셀 때 빠뜨리거나 두 번 세지 않도록 /, V, X 등의 표시를 하면서 세어 봅니다.

**19** 차가 가장 큰 뺄셈식을 만들려면 가장 큰 수에서 가장 작은 수를 빼야 합니다.
$15>13>7>6$이므로 가장 큰 수는 15, 가장 작은 수는 6입니다.
➜ $15-6=9$

**20** 빨간색이 칠해진 곳에는 □, 노란색이 칠해진 곳에는 ○, 초록색이 칠해진 곳에는 △를 그립니다.

참고
규칙을 먼저 찾은 후 규칙에 따라 각각 다른 모양으로 나타내어 봅니다.

**21** 채점 기준

| | | |
|---|---|---|
| ❶ 종현이가 얻은 점수의 합을 구함. | 1점 | 4점 |
| ❷ 민성이가 얻은 점수의 합을 구함. | 1점 | |
| ❸ 얻은 점수의 합이 누가 더 높은지 구함. | 2점 | |

**22** 10개씩 묶음의 수를 비교해 보면 $8>6>5$이므로 줄넘기를 가장 많이 한 사람은 영찬입니다.

참고
10개씩 묶음의 수가 크면 낱개의 수와 상관없이 더 큰 수입니다.

**23** 국기는 모두 ■ 모양이고 ▲ 모양이 있는 국기는 필리핀과 자메이카입니다.
따라서 ■ 모양과 ▲ 모양이 모두 있는 국기는 2개입니다.

**24** 마주 보는 두 수의 합은 $42+37=79$이므로 ㉠$+22=79$입니다.
57 $+22=79$이므로 ㉠$=57$입니다.

**25** 집에 들어온 시각을 알아보면 아버지는 9시, 어머니는 7시 30분, 형준이는 5시 30분입니다. 먼저 들어온 사람부터 차례로 쓰면 형준, 어머니, 아버지이므로 가장 늦게 들어온 사람은 아버지입니다.

**26** 72는 65보다 7만큼 더 큰 수이므로 한 칸씩 내려갈 때마다 7씩 커지는 규칙입니다.
72보다 7만큼 더 큰 수는 79이므로 ㉠은 79입니다.

**27** • $1+\square+2=10$ ➜ $\square+3=10$
➜ 7 $+3=10$이므로 $\square=7$입니다.
• $2+\square=10$ ➜ $2+$ 8 $=10$이므로 $\square=8$입니다.

**28** 두 사람이 가지고 있는 연필은 모두 $7+3=10$(자루)입니다. 두 사람이 가진 연필의 수가 같으려면 $5+5=10$이므로 5자루씩 가지면 됩니다.
따라서 윤미가 진아에게 준 연필은 $7-5=2$(자루)입니다.

참고
더하여 10이 되는 두 수는 (1, 9), (2, 8), (3, 7), (4, 6), (5, 5), (6, 4), (7, 3), (8, 2), (9, 1)입니다.

**29** 57보다 크고 83보다 작은 수를 만들어야 하므로 10개씩 묶음의 수가 5, 7, 8인 수를 모두 만들어 봅니다.
➜ 52, 53, 57, 58, 72, 73, 75, 78, 82, 83, 85, 87
이 중에서 57보다 크고 83보다 작은 수는 58, 72, 73, 75, 78, 82로 모두 6개입니다.

주의
57보다 크고 83보다 작은 수에는 57과 83이 포함되지 않음에 주의합니다.

**30** 채점 기준

| | | |
|---|---|---|
| ❶ ♥에 알맞은 수를 구함. | 2점 | 4점 |
| ❷ ▲에 알맞은 수를 구함. | 1점 | |
| ❸ ★에 알맞은 수를 구함. | 1점 | |